Marianne Karpenstein-Machan

Energiewende – wenden und vollenden!

Regional, dezentral, bürgernah

ERDSICHT - EINBLICKE IN GEOGRAPHISCHE UND GEOINFORMATIONSTECHNISCHE ARBEITSWEISEN

Schriftenreihe des Geographischen Instituts der Universität Göttingen,

Abteilung Kartographie, GIS und Fernerkundung

Herausgegeben von Prof. Dr. Martin Kappas

ISSN 1614-4716

19 *Wahib Sahwan*
 Geomorphologische Untersuchungen mittels GIS- und Fernerkundungsverfahren unter Berücksichtigung hydrogeologischer Fragestellungen
 Fallbeispiele aus Nordwest Syrien
 ISBN 978-3-8382-0094-1

20 *Julia Krimkowski*
 Das Vordringen der Malaria nach Mitteleuropa im Zuge der Klimaerwärmung
 Fallbeispiel Deutschland
 ISBN 978-3-8382-0312-6

21 *Julia Kubanek*
 Comparison of GIS-based and High Resolution Satellite Imagery Population Modeling
 A Case Study for Istanbul
 ISBN 978-3-8382-0306-5

22 *Christine von Buttlar, Marianne Karpenstein-Machan, Roland Bauböck*
 Anbaukonzepte für Energiepflanzen in Zeiten des Klimawandels
 Beitrag zum Klimafolgenmanagement in der Metropolregion Hannover-Braunschweig-Göttingen-Wolfsburg
 ISBN 978-3-8382-0525-0

23 *Daniel Karthe, Sergey Chalov, Nikolay Kasimov, Martin Kappas (eds.)*
 Water and Environment in the Selenga-Baikal Basin: International Research Cooperation for an Ecoregion of Global Relevance
 ISBN 978-3-8382-0853-4

24 *Hoang Khanh Linh Nguyen*
 Detecting and Modeling the Changes of Land Use and Land Cover for Land Use Planning in Da Nang City, Vietnam
 ISBN 978-3-8382-1136-7

25 *Martin Kappas, Katharina Rorig, Laura Stangier und Daniel Wyss*
 Waldmonitoring in Deutschland
 ISBN 978-3-8382-1729-1

Marianne Karpenstein-Machan

ENERGIEWENDE – WENDEN UND VOLLENDEN!

Regional, dezentral, bürgernah

Bibliografische Information der Deutschen Nationalbibliothek
Die Deutsche Nationalbibliothek verzeichnet diese Publikation in der Deutschen Nationalbibliografie; detaillierte bibliografische Daten sind im Internet über http://dnb.d-nb.de abrufbar.

Bibliographic information published by the Deutsche Nationalbibliothek
Die Deutsche Nationalbibliothek lists this publication in the Deutsche Nationalbibliografie; detailed bibliographic data are available in the Internet at http://dnb.d-nb.de.

ISBN-13: 978-3-8382-1885-4
© *ibidem*-Verlag, Stuttgart 2023
Alle Rechte vorbehalten

Das Werk einschließlich aller seiner Teile ist urheberrechtlich geschützt. Jede Verwertung außerhalb der engen Grenzen des Urheberrechtsgesetzes ist ohne Zustimmung des Verlages unzulässig und strafbar. Dies gilt insbesondere für Vervielfältigungen, Übersetzungen, Mikroverfilmungen und elektronische Speicherformen sowie die Einspeicherung und Verarbeitung in elektronischen Systemen.

All rights reserved. No part of this publication may be reproduced, stored in or introduced into a retrieval system, or transmitted, in any form, or by any means (electronical, mechanical, photocopying, recording or otherwise) without the prior written permission of the publisher. Any person who does any unauthorized act in relation to this publication may be liable to criminal prosecution and civil claims for damages.

Printed in the EU

Inhaltsverzeichnis

Vorwort 9
Vorwort des Reihenherausgebers 11
1. **Warum ist eine Energiewende notwendig?** 13
   1.1 Das fossil-atomare Zeitalter geht zu Ende 13
      1.1.1 Energie – Motor der menschlichen Entwicklung 13
      1.1.2 Risiken der Ausbeutung der noch verbliebenen Ressourcen 15
      1.1.3 Weiter wie bisher? 18
   1.2 Die Auswirkungen des fossilen Zeitalters auf das Klima .. 18
      1.2.1 Der menschengemachte Klimawandel 18
      1.2.2 CO_2 als Haupttreiber des Klimawandels 19
      1.2.3 Fossile Ressourcen müssen im Boden bleiben 20

2. **Energiewende als technische, ökonomische und soziale Herausforderung** 23
   2.1 Das Erneuerbare-Energien-Gesetz (EEG) 23
   2.2 Vom EEG zu Ausschreibungen 25
   2.3 Durch technische Fortschritte Wettbewerbsfähigkeit erreicht 26
   2.4 Ökonomische Herausforderungen 27
   2.5 Soziale Herausforderungen 29

3. **Langfristziele der Bundesrepublik für die Einhaltung der Klimaziele** 31
   3.1 Kaum Fortschritte bei Klimaschutzkonferenzen 31
   3.2 Maßnahmen reichen für Klimaschutzziele nicht aus 32
   3.3 Neue Ausbauziele reichen nicht für Vollversorgung ... 32
   3.4 Lücke durch Importe schließen? 34

4. **Ist Vollversorgung mit Erneuerbaren in Deutschland möglich?** 37
   4.1 Mit Wasserstoff – Paradigmenwechsel 37
   4.2 Vollversorgung durch dezentrale Erzeugung und Einbindung in das europäische Netz 37

5. **Der Weg zu regenerativen Energien über Nachhaltigkeitsprinzipien** 41

   5.1 Starke und schwache Nachhaltigkeit 41
   5.2 Ressourcenverbrauch Erneuerbarer Energien im Einklang mit starker Nachhaltigkeit? 42
   5.3 Begrenzte Ressourcen gezielt einsetzen 44
   5.4 Nachhaltigkeitsaspekte unter dem Blickwinkel Vollversorgung und Energieimporte 45
   5.5 Dezentrale versus zentrale Energieerzeugung 48

6. **Regenerative Energie und ihre Potenziale** 51

   6.1 Wind 51
   6.2 Sonne 53
   6.3 Biomasse 55
   6.4 Wasser 59

7. **Status quo der Technologien und Zukunftsmusik** 61

   7.1 Windenergie – hoch hinaus 61
   7.2 Die Sonne schickt keine Rechnung 63
      7.2.1 PV – Innovation und Recycling 63
      7.2.2 PVT – Strom und Wärme im Doppelpack 64
      7.2.3 Bifazial – beidseitig fotoaktive Solarmodule 65
   7.3 Biomasse – schließt die Energielücke 66
      7.3.1 Biomasse – Nahrung, Futter und Energie 66
      7.3.2 Biogas – gibt Gas für alle Sektoren 68
      7.3.3 Holzenergie – von der archaischen Energiequelle zur Spitzentechnologie 72
      7.3.4 Ökosystem Wald langfristig sichern 75

8. **Kommunale Konzepte zur Eigenversorgung** 79

   8.1 Bioenergiedörfer – Vorreiter der Energiewende 79
   8.2 Alheim – die Energiewende fußt auf fünf Pfeilern 82
   8.3 Energiewende-Kleinstadt Lathen 84
   8.4 Dronninglund – eine ganze Stadt am solaren Wärmenetz 85
   8.5 Bracht – ein kleines Dorf wird Sonnenenergiedorf 87
   8.6 Stuttgarts Stadtquartier gewinnt Wärme aus Abwasser ... 89

9.	**Kommunale Konzepte mit Wertstoffen**	**91**
	9.1 Aus Abfällen Wertstoffe machen!	91
	9.1.1 Bioabfallvergärung im Rhein-Hundsrück-Kreis und mehr...	92
	9.1.2 Heckenmanagement – Naturschutz und Rohstoffgewinnung	94
10.	**Sektorenkopplung mit Wind, Sonne und Biomasse**	**97**
	10.1 Nechlin – mit Wind zu Wärmeversorgung	97
	10.2 Bosbüll – mit Wind zu Wärme und Wasserstoff	99
	10.3 Saerbeck – mit Biogas zu stabilen Stromnetzen	102
	10.4 Haffhus Hotel – wirklich energieautark	104
11.	**Energiewende durch Digitalisierung erst möglich?**	**107**
12.	**Wie gehen wir es an? Energie in Bürgerhand**	**111**
	12.1 Bürgerkraftwerke	111
	12.2 Energiegenossenschaften	113
	12.3 Stadt- und Gemeindewerke	115
	12.4 EWS – von der Bürgerinitiative zum Stromversorger	116
	12.5 Bürger als bewusste Energiesparer und Energieerzeuger	117
13.	**Was führt zum Erfolg?**	**121**
14.	**Fazit**	**125**
15.	**Ausblick – Die Krise als Chance**	**129**
16.	**Literatur**	**131**

Vorwort

Die Wissenschaftlerin Marianne Karpenstein-Machan nimmt sich eines zentralen Themas unserer Zeit an. Die Energiewende. Ein wesentlicher Erfolg der Energiewende liegt darin, dass sie regional, dezentral und bürgernah stattfinden kann. Das Buch macht eindrucksvoll deutlich, warum eine derartige dezentrale Energiewende ein wichtiger Ausgangspunkt eines langen nachhaltigen Weges ist. Das Erneuerbaren Energien Gesetz (EEG) hat den Weg geebnet für eine regionale, dezentrale und maßgeblich von Bürgerinnen und Bürgern getragene Energiewende, dieser erfolgreiche Weg sollte weiter gegangen werden, so die Überzeugung der Autorin.

Historisch interessant beschreibt sie die enge Beziehung zwischen Menschheitsentwicklung und der Energienutzung, aber auch die negativen Folgen der Ausbeutung der fossilen und nuklearen Ressourcen für Klima und Natur. Die politischen Zielsetzungen und Entscheidungen zur Bewältigung der Klima- und Energiekrise werden kritisch hinterfragt und „nachgerechnet". Das Pro und Kontra der verschiedenen Transformationswege „Vollversorgung und Energieimporte" im Hinblick auf Nachhaltigkeitsgrundsätze bewertet.

Die Autorin kann anhand von vielen Studien aus der Literatur darlegen, dass weder die Potenziale für erneuerbare Energien, noch das technische „know how" für eine energetische Vollversorgung in Deutschland knapp sind. Knapp ist allenfalls die Zeit zur Umsetzung einer klimagerechten Energieversorgung, um den schlimmsten Auswirkungen des Klimawandels zu begegnen.

In zahlreichen Praxisprojekten stellt sie dar, dass Dörfer und Städte bereits Großes auf dem Weg zur Klimaneutralität geleistet haben, wie sich Bürgerinnen und Bürger zu Energiegenossenschaften zusammengeschlossen und eigene Energieprojekte umgesetzt haben – demokratisch und sozial verantwortungsvoll. Sie trotzen den zurzeit vielen negativen Schlagzeilen in der Presse über die hohen Kosten der Energiewende. Denn die Schockwellen der hohen Kosten durch eine verschleppte Energiewende könnten sich vermeiden lassen durch eine dezentrale und bürgernahe Energiewende.

Die durch viele Praxisprojekte erfahrene Wissenschaftlerin nennt Kriterien und Faktoren für eine erfolgreiche Umsetzung von Bürgerprojekten. Sie sieht „trotz allem" Chancen den Klimawandel zu begrenzen und mit erneuerbaren Energien für mehr Frieden auf der Welt zu sorgen „wenn mutige Politiker/innen, Wissenschaftler/innen und Akteure der Energiewende weiter mit offenen Karten spielen und der Bevölkerung die Notwendigkeit kommunizieren, die fossil/atomaren Energien im Boden zu lassen und anfangen nachhaltig zu wirtschaften".

Claudia Kemfert, 9. Juni 2023

Vorwort des Reihenherausgebers

Im Juni 2023 hat der Rat der EU-Mitgliedsländer den massiven Ausbau der Erneuerbaren Energien für Europa beschlossen. Die Konkretisierung der EU-Erneuerbaren Energien-Richtlinie wird einen Investitionsboom für erneuerbare Energien auslösen. Der Anteil der Erneuerbarer Energien am Gesamtenergieverbrauch soll nach Gesetz in 2030 auf 45% steigen (bisher 32% Anteil). Bis Ende 2021 wurde ein Anteil der Erneuerbaren von europaweit knapp 22% erreicht. Die neue Vorgabe bedeutet also eine Verdoppelung des Anteils Erneuerbarer Energien in 9 Jahren! Die Wege dorthin sind aber weiterhin nicht eindeutig vorgegeben. Europaweit folgt daraus die Installation von 100 GW Windanlagen und Solaranlagen pro Jahr!

Das Buch von PD Dr. Marianne Karpenstein-Machan zeigt auf, wie die Energiewende noch gelingen könnte und zwar „regional, dezentral und bürgernah".

Mit Frau Karpenstein-Machan verbindet mich eine langjährige Zusammenarbeit im Bereich Erneuerbare Energien, die ihren Anfang in den ersten Initiativen der Bioenergiegewinnung (z.B. Bioenergiedorf Jühnde) hat. Jühnde ist in Deutschland der erste Ort, der seinen Energiebedarf vollständig aus regenerativen Energien abdeckte. Dadurch wurde der Ort als „Bioenergiedorf" weltweit bekannt. Besucher aus den USA, Japan und anderen Ländern kamen zu Besichtigungen und das Konzept der dezentralen Energiegewinnung wurde von vielen Ländern übernommen.

In den letzten Jahren arbeiteten wir gemeinsam im Verbundvorhaben: „Innovative Konzepte und Geschäftsmodelle für zukunftsfähige Bioenergiedörfer- klimafreundlich, demokratisch, bürgernah" (siehe: https://energiewendedoerfer.de/). Um den „Tank-Teller-Konflikt" im Bereich Bioenergiegewinnung zu vermeiden, konzentrierten wir uns vorrangig auf die Nutzung biogener Reststoffe (Biogas aus Wirtschaftsdünger, Biotonne, Garten und Parkabfälle, Gras von Dauergrünland, Maisstroh, Rapsstroh, Waldrestholz, etc.).

In diesem interdisziplinären Forschungsprojekt haben die Universitäten Kassel und Göttingen unter Beteiligung der Fachgebiete Mikroökonomik und empirische Energieökonomik, Universität Kassel und Solar- und Anlagentechnik der Universität Kassel und das Geographisches Institut Abteilung Kartographie, GIS und Fernerkundung der Georg-August-Universität Göttingen zusammengearbeitet. Es konnten weitreichende Handlungsempfehlungen entwickelt sowie ergänzende Wärmeerzeuger und alternative Wärmeversorgungskonzepte beleuchtet werden.

Die „Wärmewende" ist seit Herbst 2022 in aller Munde und unter dem Einfluss des Russland-Ukraine Kriegs so drängend wie nie zuvor. Viele Ansätze dieses Projekts fließen auch in das vorliegende Buch ein. Dabei macht das neue Buch in der ibidem-Reihe „Erdsicht" Mut und gibt tiefe Einblicke, wie die Energiewende doch noch gelingen kann. Anhand vieler regionaler Beispiele lässt sich nachvollziehen, was es für eine bürgernahe, technikoffene und sozialverträgliche Energie- und Wärmewende braucht.

Martin Kappas, 14. Juni 2023

1. Warum ist eine Energiewende notwendig?

1.1 Das fossil-atomare Zeitalter geht zu Ende

1.1.1 Energie – Motor der menschlichen Entwicklung

Die Entwicklung der Menschheit hängt eng mit der Verfügbarkeit von Energie zusammen. In der Frühphase der Menschheitsgeschichte war die Biomasse in Form von Früchten, Samen und Holz die einzige verfügbare Energiequelle, sie ernährte die Menschen, gab ihnen Kleidung und Feuerholz. Alle Arbeiten mussten die Menschen selbst verrichten, der einzige Motor war die menschliche Muskelkraft. Nach Pimentel (1) waren in der Zeit der Jäger und Sammler ca. 80 % der Aktivitäten der Frühmenschen auf die Suche, das Sammeln und die Jagd nach Nahrung und Feuerholz ausgerichtet. Später in den frühen Acker- und Tierhaltungssystemen wurden Tiere für schwere Arbeiten als Last- oder Zugtiere eingesetzt, um zum Beispiel den Acker zu pflügen, oder das Mühlrad zu drehen. Das war zwar einerseits eine Erleichterung für die Menschen beim Anbau und der Zubereitung der Nahrungsmittel, andererseits konkurrierten die Nutztiere aber mit den Menschen um die Ackerfläche, denn auch die Tiere mussten ernährt werden. Erst der technische Fortschritt mit der Erfindung der Wassermühle machte die Menschheit unabhängiger von der Biomasse als Energielieferant für menschliche und tierische Muskelkraft. Erstmalig wurde mit der Wassermühle eine kohlenstofffreie Energiequelle genutzt, um schwere Arbeiten zu verrichten. Besondere Bedeutung haben die Getreidemühlen erlangt. Es gab aber viele Typen von Mühlen und die verschiedensten Arbeiten wurden damit verrichtet: Getreidemühlen, Schopfradmühlen zur Bewässerung, Walkmühlen zur Verdichtung von Tuch, Schmiedemühlen zur Betätigung des schweren Schmiedehammers. Wassermühlen wurden auch im Bergbau zur Gewinnung von Eisenerz eingesetzt. Erst mit Hilfe der Wasserkraft war es möglich die tieferen Lagerstätten auszubeuten, denn mit Muskelkraft allein hätte man nicht das schnell eindringende Grundwasser abpumpen können. Windmühlen gab es bereits im Altertum, sie entwickelten sich parallel zu Wassermühlen. Die Hochzeit der Wasser- und Windmühlen war im 18. und 19. Jahrhundert. Im deutschen Kaiserreich waren nach Zählungen der Preußischen Regierung im Jahre 1895 18.362 Windmühlen und 54.529 Wassermühlen in Betrieb, die meisten davon waren Getreidemühlen (2). Die Erfindung und Verbreitung der Dampfmaschine Anfang bis Mitte des 19. Jahrhunderts leitete die Industrialisierung in Europa ein. Die Kraft, die mit der Dampfmaschine bewältigt werden konnte, entsprach dem mehr als hundertfachen der Muskelkraft. Als Energiequelle zum Antrieb der Dampfmaschine wurde zunächst Kohle, später dann Öl, Gas und Uran eingesetzt. Mit den fossilen Rohstoffen Kohle, Öl, Gas und Uran hatte man Energiequellen gefunden, die einerseits erst mit der Erfindung der Dampfmaschine bzw. der Motorentechnik im großen Maßstab aus der Erde herausgeholt werden konnten, aber andererseits benötigten die Motoren den Brennstoff aus der Erde, um Arbeit für die Menschen zu verrichten. Mit der Industrialisierung und dem Übergang der Gesellschaft von einer Agrar- zu einer Industriegesellschaft in Mitteleuropa und Amerika stieg der Energieverbrauch der Menschen. In nicht einmal zwei Jahrhunderten hat die Menschheit (zum großen Anteil in den Industrienationen) nahezu die gesamten fossilen Rohstoffe aus den Lagerstätten der Erde aufgebraucht. Vorräte an Öl und Gas, die in Millionen von Jahren gebildet wurden, werden heute in wenigen Jahrzehnten verbraucht.

Weltweit wachsende Märkte und Wirtschaftswachstum führen derzeit zu einem kontinuierlich steigenden Energiebedarf, der nahezu zu 100 Prozent mit fossilen Rohstoffen abgedeckt wird.

Unbestritten – Energie ist der wesentliche Motor der menschlichen Entwicklung. Sie ist die Basis dafür, dass die Menschen über die Grundbedürfnisse des Lebens hinaus, wie der Zugang zu Nahrung, Wohnung und Kleidung, ihre geistigen, physischen und emotionalen Potenziale zum Wohle einer humanen Gesellschaft entwickeln können.

Warum ist eine Energiewende notwendig?

Die Aufgabe dieses Jahrhunderts wird es sein, den Energiebedarf der Menschheit auf der Erde so bereitzustellen, dass weder das Klima noch die Umwelt weiter geschädigt werden. Nach der Atomkatastrophe von Fukushima hat die deutsche Bundesregierung im Jahr 2011 das Ende der Atomkraft und gleichzeitig den Ausbau der Erneuerbaren Energien, die sogenannte Energiewende, beschlossen. In der Mitte des 21. Jahrhunderts soll das Zeitalter der Erneuerbaren Energien erreicht sein. Der Wissenschaftliche Beirat für Globale Umweltveränderungen (2011) (3) spricht von einer „Großen Transformation", wie die Energiewende auch genannt wird, die eine gewaltige Herausforderung für eine Gesellschaft darstellt, für die es bisher in einer Industriegesellschaft noch kein Beispiel gibt.

1.1.2 Risiken der Ausbeutung der noch verbliebenen Ressourcen

Prognosen und Studien, die von vielen Wissenschaftlern weltweit durchgeführt wurden, zeigen, dass die bisherigen mit konventionellen Explorationsmethoden gewonnen fossilen Energiereserven versiegen. Öl- und Gaslagerstätten, die durch einfache Tiefenbohrungen ausgebeutet werden können, sind nur noch für wenige Jahrzehnte verfügbar. Die mit höheren Kosten verbundene Gewinnung von Öl und Gas aus Schiefersanden mit der sogenannten Fracking-Methode, die in den USA und Kanada angewandt wird, verlängern zwar die Reichweiten für fossile Rohstoffe um einige Jahrzehnte, bergen jedoch große Gefahren für Mensch und Umwelt. In Deutschland ist die Fracking-Methode in der Bevölkerung sehr umstritten und das unkonventionelle Fracking, wie es in den USA und Kanada betrieben wird, ist in Deutschland verboten. Beim unkonventionellen Fracking werden Gas- oder Öllager in tiefen Gesteinsschichten mehrmals angebohrt, es werden Sprengungen durchgeführt und Chemikalien eingesetzt, um die Lagerstätten zu knacken. Diese Methode birgt nicht nur Gefahren für das Grundwasser, das durch die Chemikalien verschmutzt werden kann: ebenso gefährlich ist das Wasser, das zur Bohrung eingesetzt wird und als Sand-Wasser-

Chemie-Gemisch, angereichert mit Schwermetallen aus der Erdkruste, zurückfließt. Es wird aufgefangen und zum Teil auf Deponien entsorgt bzw. wieder im Ausgangsgestein verpresst.

Die Super-Gaus der Kernenergie
Auch die Ressourcen an Uran sind begrenzt. Hier geht man zwar von einer längeren Reichweite als bei Öl und Gas aus, aber die Nutzung von Kernenergie birgt jedoch die höchsten Risiken für Menschheit und Natur.

Zum ersten „Super-Gau (Größter anzunehmender Unfall)" kam es bereits 1957 in den kerntechnischen Anlagen in Majak/Russland in der damaligen Sowjetunion – damals weitgehend unbemerkt von der Öffentlichkeit in Ost und West. Es kam zu schwersten Freisetzungen von Radioaktivität. Erst nach dem Reaktorunfall in Tschernobyl wurde die „International Nuclear Event Scale", eine Skala von 1 bis 7 eingeführt. Danach müsste bereits der Unfall in Majak in die höchste Stufe 7 – katastrophaler Unfall mit schwersten Freisetzungen und Auswirkungen auf Gesundheit und Umwelt in einem weiten Umfeld – eingestuft werden. Nach heutigen Einschätzungen ist der Unfall aufgrund der Höhe der radioaktiven Kontaminierung der Umwelt mit den Katastrophen in Tschernobyl/Ukraine (1986) und Fukushima/Japan (2011) vergleichbar, die ebenfalls der höchsten Stufe zugeordnet werden (s. auch Abbildung 1 und Abbildung 2). Die Ursachen sind bei allen drei Katastrophen in einer Kombination von technischen Fehlern und menschlichem Versagen zu suchen. Auch die Betriebsführung nach den Katastrophen war durch mangelhafte Sicherheitsausrüstungen, Missmanagement und fehlende Informationsweitergabe an Behörden, Politik und Bevölkerung gekennzeichnet. Große Sperrzonen wurden errichtet, mehrere hunderttausend Menschen mussten aufgrund der hohen radioaktiven Verseuchung umgesiedelt werden. Tausende Menschen wurden mit hohen Dosen radioaktiver Strahlung belastet. Zahlreiche weitere Unfälle ereigneten sich weltweit, darunter acht Unfälle der Stufe 5 (ernster Unfall mit begrenzter radioaktiver Belastung). Betroffen davon war Kanada in 1952, Großbritannien in 1957,

Warum ist eine Energiewende notwendig?

die Schweiz in 1969, die Sowjetunion in 1974 und 1977, die USA in 1959 und 1979 und Japan in 1999 (4).

Abbildung 1: Vom Erdbeben zerstörte Häuser in Minami-Soma bei Fukushima nach der Dreifach-Katastrophe: Erdbeben, Tsunami und die Zerstörung des Atomreaktors in Daiichi, durch die die ganze Region radioaktiv verstrahlt wurde. (Foto: Marianne Karpenstein-Machan)

Abbildung 2: Von der Tsunamiwelle mitgerissene Gegenstände, zu Schuttbergen aufgetragen auf ehemaligen Reisfeldern in Minami-Soma (Foto: Marianne Karpenstein-Machan)

1.1.3 Weiter wie bisher?

Die Reichweiten fossiler und atomarer Energieträger beruhen auf Prognosen des zukünftigen Energieverbrauchs. Die Reichweiten können nicht exakt vorhergesagt werden, da der zukünftige Energieverbrauch wiederum von einem komplexen Gefüge von Wirtschaftswachstum, Energiepreisen und weltweiter Entwicklung abhängig ist. Eine Strategie des „weiter wie bisher" und das Beharren auf der Nutzung der Ressourcen bis zum bitteren Ende, birgt jedoch große Gefahren für die Menschheit. Diese Gefahren gehen über die direkte Umweltgefährdung durch die Exploration der fossil-atomaren Ressourcen hinaus, denn das Klima wird durch das Verbrennen der fossilen Energieträger nachhaltig verändert.

1.2 Die Auswirkungen des fossilen Zeitalters auf das Klima

1.2.1 Der menschengemachte Klimawandel

Das Wissen um den anthropogenen – menschengemachten – Klimawandel ist eindeutig.

Es besteht kein Zweifel mehr: Das Klimasystem erwärmt sich. Der Weltklimarat (IPCC – Intergovernmental Panel on Climate Change, präzise Übersetzung: Zwischenstaatlicher Ausschuss zu Klimaänderungen) der 1980 gegründet wurde, hat seither 5 Sachstandberichte vorgelegt, die diese globale Erwärmung eindeutig belegen. Mehr als 1.000 Klimaforscher sind ehrenamtlich an den Sachstandsberichten beteiligt. Sie sind Experten auf dem Gebiet der Meteorologie und fachverwandter Wissenschaften. Ihre Aufgabe ist es, die weltweite Forschung zu Klimaveränderungen streng nach wissenschaftlichen Methoden auszuwerten und zu bewerten. Aus ihren umfangreichen Berichten werden dann Zusammenfassungen für die politischen Entscheidungsträger formuliert.

1.2.2 CO_2 als Haupttreiber des Klimawandels

Seit Ende des 19. Jahrhunderts hat sich die globale Oberflächentemperatur um 1,1° Grad erhöht. Das arktische Meereis, Gebirgsgletscher und Eisschilde verlieren an Masse und der Meeresspiegel steigt stetig, zurzeit 3,2 mm pro Jahr.

Haupttreiber dieser globalen Erwärmung ist das CO_2-, das hauptsächlich durch die Verbrennung fossiler Rohstoffe frei wird. Der CO_2-Gehalt der Atmosphäre ist seit der vorindustriellen Zeit bis ins Jahr 2021 von ca. 180 ppm auf 415 ppm angestiegen (Statiska 2021) (5). Aus Landnutzungsänderungen und der Nutzung von fossilen Energieträgern wurden ca. 2.000 Gigatonnen (Gt) CO_2 emittiert. Große Mengen wurden dabei von den Ozeanen aufgenommen und von der terrestrischen Biosphäre inkorporiert. Ca. 900 Gt bleiben jedoch in der Atmosphäre und reichern sich dort an. In den Ozeanen führt das aufgenommene CO_2 zur Versauerung des Meerwassers, der pH-Wert des Meerwassers ist bereits um 0,1 Einheiten gesunken. Eine Folge davon ist das Absterben der Korallenriffe durch Auswaschung von Kalziumkarbonat. Durch die Erwärmung des Meerwassers und Sauerstoffverarmung leidet zudem die gesamte biologische Vielfalt der Meere.

Abbildung 3: Der Ozean als CO_2-Senke, Foto: Volker Machan

1.2.3 Fossile Ressourcen müssen im Boden bleiben

Die noch in den vorhandenen fossilen Ressourcen festgelegten CO_2-Mengen der Erde belaufen sich Schätzungen zufolge auf bis zu 11.000 Gigatonnen. Davon könnten 2.900 Gt derzeit technisch und wirtschaftlich vertretbar gefördert werden. Eine unverminderte Nutzung dieser Reserven sei jedoch mit dem Zwei-Grad-Ziel nicht kompatibel, schreiben Christophe McGlade und Paul Ekins vom University College London in ihrer „Nature"- Studie (6). Es dürfen maximal noch 1.000 Gt CO_2 aus anthropogenen Quellen emittiert werden, um mit hoher Wahrscheinlichkeit das 2°C Ziel einzuhalten.

Eine globale Temperaturerhöhung von mehr als zwei Grad gilt als Klimaveränderung, die ein hohes Schadenspotenzial für den Erhalt der natürlichen Lebensgrundlagen und ein besonders hohes Gefährdungspotenzial für menschliche Gesellschaften bergen.

Der aktuelle Uno-Klimabericht (2014) bringt es auf den Punkt: Um die globale Erwärmung auf 2°C zu begrenzen, hilft nur der zügige Abschied von Öl, Gas und Kohle. Der weltweite Ausstoß an Treibhausgasen muss bis Mitte des Jahrhunderts um 40 bis 70 Prozent sinken.

Warum ist eine Energiewende notwendig?

Der Studie der Forschergruppe "Globale Kohlenstoffbilanz" ("Global Carbon Budget") zufolge dürfen Kohle, Öl und Gas nur noch ca. 30 Jahre genutzt werden. Das bedeutet, die Hälfte der Kohle-, Öl- und Gasvorräte müssen im Boden bleiben, damit die globale Erwärmung auf zwei Grad begrenzt bleibt. Um das 1,5 Grad Ziel zu erreichen, dürfen nur noch 380 Gt CO_2 emittiert werden und die wären laut dem IPCC Bericht in 2022 bereits im Jahr 2032 verbraucht (7).

2. Energiewende als technische, ökonomische und soziale Herausforderung

2.1 Das Erneuerbare-Energien-Gesetz (EEG)

Seit der Einführung des Erneuerbaren Energien Gesetzes (EEG) im Jahre 2000 wird eine bevorzugte Einspeisung des Stroms aus erneuerbaren Quellen in das Stromnetz geregelt. Erzeuger von Erneuerbaren Energien (EE) erhalten feste technologiespezifische Einspeisetarife, die auf 20 Jahre garantiert werden. Das Gesetz verpflichtet die Netzbetreiber zur Abnahme des Stroms aus EE und sichert den Erzeugern eine Vergütung zu. Die Betreiber öffentlicher Netze müssen den nach dem EEG gewonnen Strom mit Vorrang vor solchem Strom abnehmen, der aus fossil/atomaren Energiequellen erzeugt wird. Für den eingespeisten Strom hat der Netzbetreiber dem Anlagenbetreiber die im Gesetz festgesetzten Vergütungssätze zu zahlen.

Ziel des EEG war es, die EE am Markt zu etablieren und durch die finanziellen Anreize in Form von festen Einspeisetarifen ihre Wettbewerbsfähigkeit gegenüber konventionellen Energieträgern zu verbessern. Der Förderung der EE bedurfte es, da der Wettbewerb zwischen konventionellen und erneuerbaren Energieanlagen verzerrt ist. Die konventionellen Energieträger und –anlagen verursachen hohe Umweltkosten, die sich nicht im Preis widerspiegeln. Die durch fossile Energieträger verursachten Umweltkosten berechnete der Ökonom Nicholas Stern in seinem *Review on the Economics of Climate Change* im Jahr 2006 (8). Er bezifferte in dem „Stern Report" die allein durch den Klimawandel entstehenden Kosten auf jährlich bis zu 20 Prozent des globalen Bruttoinlandprodukts. Auch auf Deutschland bezogene Schätzungen zeigen die ökonomische Bedeutung der Umweltbelastungen für die Gesellschaft. Sie verursachen Kosten in Form von Gesundheits- und Materialschäden, Ernteausfällen oder Schäden an Ökosystemen. So haben die deutschen Treibhausgas-Emissionen im Jahr 2020 Kosten in Höhe von mindestens 217 Milliarden Euro durch die Erzeugung von Strom, Wärme und Straßenverkehr verursacht (Umweltbundesamt 2023) (9).

Das EEG im Jahr 2000 gab den wesentlichen Anstoß für die globale industrielle Massenfertigung der erneuerbaren Energien, womit Kostensenkungen erst ermöglicht wurden. Es hat den Ausbau von Erneuerbaren Energien in Deutschland in allen drei Sektoren Strom, Wärme und Mobilität wesentlich gepuscht (s. Abbildung 4). Die Erneuerbaren liegen heute in den Stromgestehungskosten niedriger als Kohle und Gas (s. auch Kap. 2.2). Durch Wind-, Sonnen- und Bioenergie ist der Anteil der erneuerbaren Energien am Bruttoenergieverbrauch der Bundesrepublik auf 20,4 % gestiegen, der Anteil des erneuerbaren Stroms am Endenergieverbrauch sogar auf 46 %. Hinterher hinken noch der Anteil der erneuerbaren Wärme mit 17,4 % und die Mobilität. Deren Anteil an erneuerbarer Energie liegt bei 6,8 % (Stand 2022).

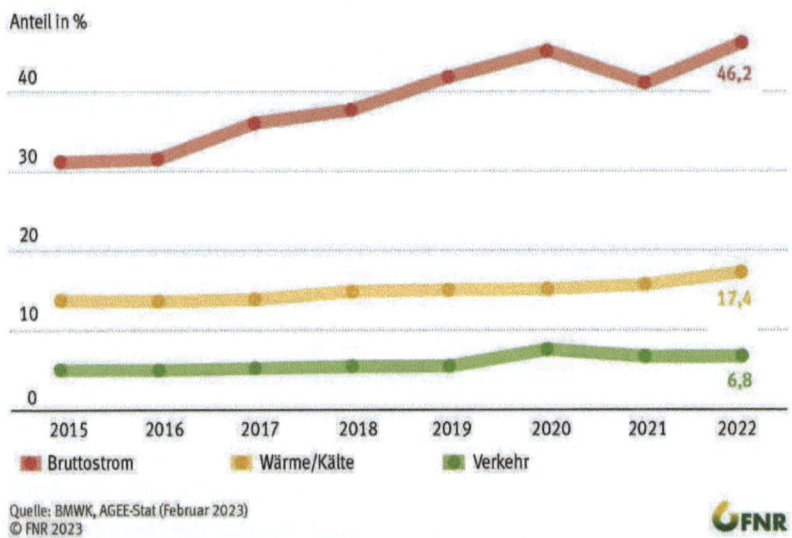

Abbildung 4: Entwicklung der Erneuerbarer Energien am Endenergieverbrauch (10) Quelle BMWK, AGEE-Stat, Grafik FNR 2023

2.2 Vom EEG zu Ausschreibungen

Im EEG 2016 wurde die von der Europäischen Union (EU) geforderte Festvergütung durch Ausschreibungen abgelöst. Wer von der Förderung profitieren wollte, musste sich an einer Ausschreibung mit Geboten beteiligen. Die finanziellen und bürokratischen Hürden dafür waren jedoch, insbesondere für Bürgerenergiegesellschaften sehr hoch. Nur die niedrigsten Gebotswerte erhielten einen Zuschlag, bis das ausgeschriebene Volumen erreicht war. Wird der Zuschlag nicht erteilt, stehen nur Kosten zu Buche, was für Genossenschaften und Bürgerenergiegesellschaften ein großes Risiko darstellte. Und dies Angesichts der Tatsache dass bis 2014 über 80 % aller Investitionen in Erneuerbare Energien durch bürgerliche Investitionen von Privatleuten, Landwirten, Energiegemeinschaften, kleinen und mittleren Unternehmen in Deutschland getätigt wurden. Sie waren bis dahin die wesentliche Kraft für deren Ausbau. So ist es nicht verwunderlich, dass die Investitionen in Erneuerbare Energien in Deutschland seit 2015 stetig zurückgegangen sind und zwar von 28 Mrd. auf 13 Mrd. Euro pro Jahr in 2021 (11), (s. auch Kapitel 2.4).

Ende 2021 wurde das EEG durch die neue Regierung novelliert und kleine und mittlere Unternehmen, sowie Energiegemeinschaften vom Ausschreibungszwang befreit. Für Freiflächensolaranlagen und Wasserkraft gilt dies bis zu einer Schwelle von 6 Megawatt (MW), für Solardachanlagen bis 1 MW, für Windkraft sogar bis 18 MW und für Biomassenlagen bis zu 150 Kilowatt (KW) Leistung. Damit ist eine wichtige Hürde für den Ausbau der EE entschärft. Wie Abbildung 5 zeigt, sind auch 2021 immer noch über 40 Prozent der installierten Leistung von Anlagen zur Stromerzeugung aus Wind-, Solar- und Bioenergie sowie aus Wasserkraft und Erdwärme im Eigentum von Privatpersonen und Landwirten, obwohl ihr Anteil seit 2016 stetig aufgrund der bremsenden Gesetzgebung gesunken ist.

Offensichtlich hat der Gesetzgeber erkannt, dass die Bürger und Bürgerinnen in jeder Hinsicht in der Energiewende eine Schlüsselrolle spielen.

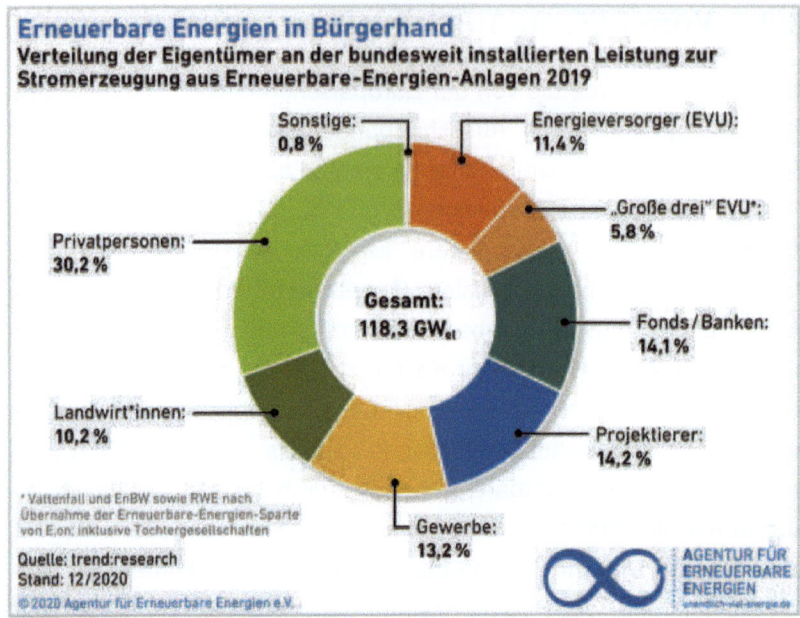

Abbildung 5: Erneuerbare Energien in Bürgerhand (12), Grafik: Agentur für Erneuerbare Energien, 2020

2.3 Durch technische Fortschritte Wettbewerbsfähigkeit erreicht

In allen erneuerbaren Energiebranchen gab es enorme technologische Verbesserungen, Effizienzsteigerungen und die technischen Anlagen sind heute wesentlich billiger als noch vor 23 Jahren bei Einführung des EEGs. Auch die Stromgestehungskosten liegen z. B. bei Photovoltaik und Onshore Windenergieanlagen bereits auf bzw. unter dem Preisniveau der fossilen Energieträger. Abbildung 6 zeigt die Stromgestehungskosten der einzelnen Energieträger, die in einer Studie durch das Fraunhofer-ISE (2022) (13) berechnet wurden. Die Bandbreiten der Kosten spiegeln dabei die Variation der Berechnungsparameter wider (z.B. Anlagenpreise, Sonneneinstrahlung, Windangebot, Brennstoffpreise, Zahl der Volllaststunden, Kosten der CO_2-Emissionszertifikate).

Aus der Studie des Fraunhofer-ISE: „Durch weitere technologische Fortschritte, leistungsfähigere Materialien und reduzierten Materialverbrauch werden erneuerbare Energietechnologien bis zum Jahr 2040 die durchschnittlichen Stromgestehungskosten aller fossilen Kraftwerke deutlich unterbieten", so die Prognosen der Fraunhofer-ISE Studie von 2022. Bereits heute sind PV-, Wind- und Bioenergie billiger in der Erzeugung als Gas und Steinkohle.

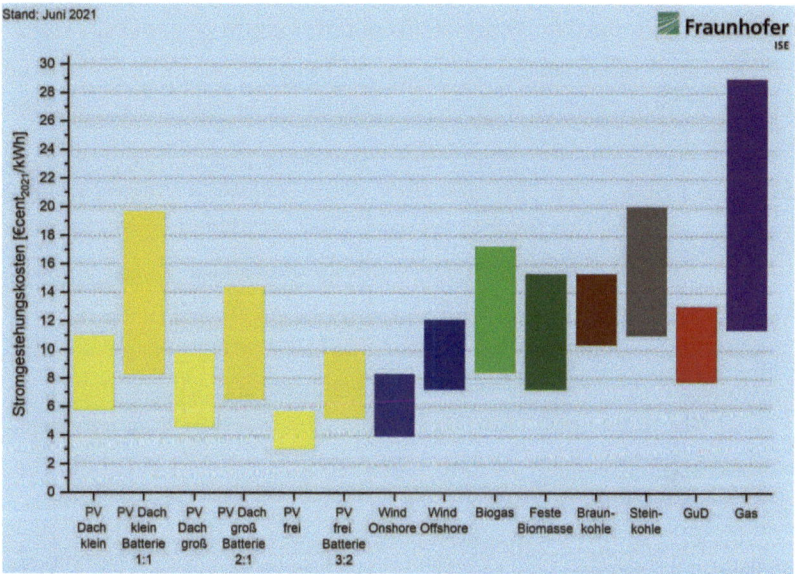

Abbildung 6: Stromgestehungskosten für erneuerbare Energien und konventionelle Kraftwerke an Standorten in Deutschland im Jahr 2021. Spezifische Anlagenkosten sind mit einem minimalen und einem maximalen Wert je Technologie berücksichtigt. Das Verhältnis bei PV-Batteriesystemen drückt PV-Leistung in kWp gegenüber Batterie-Nutzkapazität in kWh aus. (Quelle Fraunhofer ISE, 2022)(13).

2.4 Ökonomische Herausforderungen

Deutschland gibt trotz Ausbau der Erneuerbaren hohe Summen für den Import von fossilen Rohstoffen aus. Das Fraunhofer Institut IWES errechnete für das Jahr 2014 ca. 84 Milliarden (Mrd.) Euro aus (14). Abhängig von den Preisen schwankt dieser Betrag, seit der Öl-

Energiewende

und Gaskrise in 2022 kann jedoch von wesentlich höheren Beträgen ausgegangen werden. Gleichzeitig muss man konstatieren, dass die Investitionen in Erneuerbare Energien in Deutschland seit 2015 stetig zurückgegangen sind und zwar von 28 Mrd. auf 13 Mrd. Euro pro Jahr (s. Kap.2.2).

2014 legte das Fraunhofer IWES eine Finanzstrategie für die Energiewende in Deutschland vor. Sie stellen den kapitalkostenintensiven Investitionen in den notwendigen Ausbau der EE die Einsparungen im Bereich der fossilen Brennstoffe durch Importe gegenüber. Durch steigenden Ausbau an EE und eigene Energieerzeugung, sinken die Kosten für notwendige Importe an fossilen Energien. Die Experten gehen davon aus, dass die Kosten für die fossile Primärenergie von derzeit 83 Mrd. Euro pro Jahr über einen Zeitraum von 40 Jahren praktisch auf null abgesenkt werden könnten. Nach ihren Berechnungen wird auf diesem Weg in 15 bis 20 Jahren der Punkt erreicht, an dem die Ausbaukosten für die erneuerbaren Energien und die Beschaffungskosten für die fossile Energie zusammen genommen die heutigen Primärenergiekosten unterschreiten (s. Abbildung 7).

Ein machbarer Weg, wenn die gesetzlichen Rahmenbedingungen so ausgestaltet werden, dass die Investitionen in Erneuerbare Energien wieder steigen.

Bereits 2013 schrieb Claudia Kemfert in ihrem Buch „Kampf um Strom": „Wir haben das Potenzial zu beweisen, dass die Energiewende in einem Industrieland nicht nur möglich ist, sondern dabei noch wirtschaftliche Vorteile bringt – allerdings nur, wenn uns in Zukunft ein besonnenes, gut koordiniertes Management des Energieumbaus gelingt" (96).

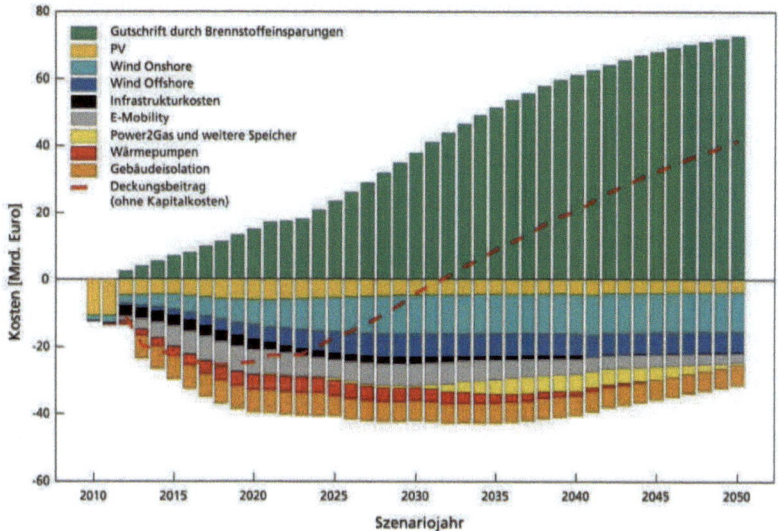

Abbildung 7: Finanzierungsstrategie für die Energiewende, Grafik Fraunhofer IWES 2014.(13)

2.5 Soziale Herausforderungen

Das Mitmachen der Bürger und Bürgerinnen, die über ihre passive Akzeptanz hinausgeht, ist für eine Transformation des Energiesystems zu 100 Prozent erneuerbaren Energien notwendig. In Krisenzeiten, wie gegenwärtig, wird die Dramatik der Abhängigkeit von fossilen Rohstoffen und Lieferketten aus Ländern mit diktatorischen Systemen deutlich. So ist eine weitgehend eigenständige Energieversorgung vieler Länder mit erneuerbaren Energien auch ein Beitrag zum Frieden und zur Stabilität auf der Welt. Jedes Land hat eigene Ressourcen für Sonne, Wind, Bioenergie oder Geothermie. Denn Sonne scheint, Wind weht und Pflanzen wachsen weltweit. Zwar gibt es regionale und globale Unterschiede in ihren Ausmaßen, aber mit besonderen Vorzüglichkeiten für die eine oder andere natürliche Energieform.

Und so hat es auch jeder Bürger ein Stück weit in der Hand durch eigene Aktivitäten privat oder in Energiegenossenschaften die

Energiewende

Energiewende durch Mitarbeit und/oder Investitionen in erneuerbare Energien voranzutreiben. Ein Beispiel sind die über 200 Bioenergiedörfer in Deutschland, die als Ergebnis einer sozialen Innovation entstanden sind und zeigen, wie ein nachhaltiges, von Bürgern gestaltetes und klimaneutrales Wirtschaftssystem funktionieren kann. Die Bürger und Bürgerinnen, oft in Genossenschaften zusammengeschlossen, haben in die Energieanlagen investiert und entwickeln sie, über die Bioenergie hinaus, im Verbund mit anderen erneuerbaren Energien, stetig weiter (s. Kap.8.1).

In den vergangenen 10 Jahren wurden über 800 Energiegenossenschaften gegründet. Die zunehmend unsicheren Rahmenbedingungen bremsten die Entwicklung aber deutlich. Im Jahr 2020 kamen lediglich 13 Energiegenossenschaften hinzu. Die Energiegenossenschaften stehen mit ihren 220.000 Mitgliedern für die breite Akzeptanz der Energiewende und setzen sich für eine bürgernahe Energiepolitik ein (s. Kap.12.1 und 12.2).

3. Langfristziele der Bundesrepublik für die Einhaltung der Klimaziele

3.1 Kaum Fortschritte bei Klimaschutzkonferenzen

Anfang Dezember 2015 trafen sich 196 Staatenlenker in Paris, um das Problem der Erderwärmung zu diskutieren und Klimaschutzmaßnahmen zu beschließen. Erstmalig in der Geschichte waren sich die Regierungschefs darüber einig, dass die Erderwärmung ein riesiges Problem für die Menschheit ist und bekannten sich dazu das Klima schützen zu wollen.

Die Staaten vereinbarten, die Erderwärmung im Vergleich zur vorindustriellen Zeit auf unter 2 Grad Celsius zu begrenzen, wenn möglich sogar auf 1,5 Grad. Das Zwei-Grad-Ziel soll die schlimmsten Folgen des Klimawandels abwenden. Auch die G7-Staaten hatten sich nochmals ausdrücklich dazu bekannt. Doch bewirkte das Klimaschutzabkommen wirklich einen historischen Durchbruch? Sieben Jahre später, die CO_2-Emissionen sind mittlerweile um weitere 2 Millionen auf ca. 37.000.000 Millionen Tonnen weltweit angestiegen, wurden auf der Weltklimakonferenz in Ägypten in 2022 keine weitergehenden konkreten Maßnahmen beschlossen. Im Abkommen werden die Erneuerbaren Energien als wichtigste Klimaschutzmaßnahme nur einmal am Rande erwähnt. Im Abschlusspapier fehlt sogar der Ausstieg aus Kohle, Öl und Gas. Der Ukrainekrieg und die Beschaffung der letzten fossilen Ressourcen standen bei den Staatenlenkern stärker im Fokus als notwendige Klimaschutzmaßnahmen. Als positiver Punkt kann angemerkt werden, dass man sich auf einen Klimaschutzfond geeinigt hat, um arme Länder bei klimabedingten Schäden zu unterstützen.

3.2 Maßnahmen reichen für Klimaschutzziele nicht aus

Die gesetzten Ziele zur Senkung der Treibhausgase (THG) zur Erreichung des 1,5 Grad Ziels wurden bisher von der Bundesrepublik nicht eingehalten. Ein Gutachten im Auftrag des Umweltbundesamtes zeigte, dass auch die Maßnahmen und Instrumente des Klimaschutzprogramms für 2030 nicht ausreichen, um das THG-Gesamtminderungsziel 2030 von mindestens 55 % zu erreichen.

So musste das Bundesklimaschutzgesetz (veröffentlicht am 18.08.2021) nach einem Urteil des Bundesverfassungsgerichtes geändert werden und ein strengerer Zielpfad für die Minderung der THG-Emissionen im Gesetz formuliert werden. Folgendes wurde festgelegt: Auf der Basis von 1990 müssen bis 2030 mindestens 65 %, bis 2040 mindestens 88 % der THG-Emissionen reduziert werden. Bis 2045 muss die THG-Neutralität erreicht sein und nach 2050 sollen negative THG-Emissionen erzielt werden.

3.3 Neue Ausbauziele reichen nicht für Vollversorgung

Um die neu gesteckten verbindlichen Ziele zur THG- Reduktion zu erreichen, muss neben Energieeinsparungen, der Ausbau der erneuerbaren Energien forciert werden. So soll der Anteil der EE am Bruttostromverbrauch bis 2030 auf 80 Prozent steigen. Das bedeutet, dass die Leistung der Solaranlagen nahezu verdreifacht und die der Windenergieanlagen verdoppelt werden müssen. Für Windenergie sollen 2 Prozent der Landesflächen bereitgestellt werden. Derzeit liegt die Flächennutzung bei 0,5 Prozent. Der Ausbau für Wind auf See soll von 8 auf 22 GW steigen. Für Biomasseanlagen, die Strom und Wärme liefern, werden nur geringfügige Ausbauziele für 2030 formuliert (s. Abbildung 8).

Langfristziele der Bundesrepublik für die Einhaltung der Klimaziele

Ziele für Wärme und Mobilität werden von Regierungsseite nicht mehr aufgeführt. Man geht davon aus, dass der Wärmebedarf für Gebäude, die Mobilität und die Industrieprozesse zunehmend elektrifiziert werden. Daher rechnet man mit einem ca. 33 Prozent höherem Bruttostrombedarf.

Rechnet man die Ausbauziele für 2030 auf Basis des heutigen Niveaus der Strom-Wärme und Kraftstofferzeugung für das Ende des Jahrzehnts hoch, unter Einbezug von 5 Prozent Energieeinsparung, zeigt sich, dass lediglich 33 Prozent (767 TWh) des End-Energieverbrauchs in 2030 (2.287 TWh) durch EE abgedeckt werden (s. Tabelle 1).

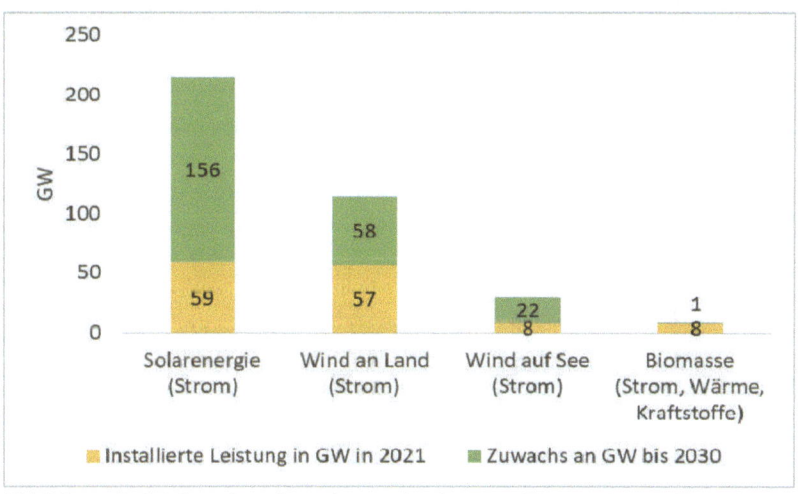

Abbildung 8: Ist-Stand und geplanter Ausbau an Erneuerbaren Energien in Gigawatt (GW). (Eigene Abbildung)

Tabelle 1: Installierte Leistungen und Erzeugung an Erneuerbaren Energien in 2021 und geschätzt in 2030 auf der Grundlage der Ausbauziele der Bundesrepublik (*für Geothermie und Solarthermie sind keine Ausbauziele durch die Bundesregierung definiert, hier wurde die dreifache Erzeugung im Vergleich zu 2021 geschätzt)

Erneuerbare Energien	Installierte Leistung in GW in 2021	Zuwachs an GW bis 2030	Summe GW bis 2030	Erzeugung in TWh 2021	Erzeugung in TWh geschätzt 2030
Solarenergie (Strom)	59	156	215	58	151
Wind an Land (Strom)	57	58	115		
Wind auf See (Strom)	8	22	30	113	226
Biomasse (Strom, Wärme, Kraftstoffe)	8	1	9	256	307
Geothermie/Umweltwärme	16	?		19,4	58*
Solarthermie	?	?		8,4	25
Gesamt	148	237	369	455	767

3.4 Lücke durch Importe schließen?

Trotz des geplanten Ausbaus bis 2030 klafft also noch eine gewaltige Lücke bis zur Vollversorgung mit erneuerbaren Energien. Auch unter Einrechnung von Effizienzverbesserungen durch z.B. Kraft-Wärmekopplung und Einsparungen, ist die Lücke noch gewaltig. Dieses Delta soll mit neuen europäischen und Übersee-Energiepartnerschaften geschlossen werden. Zum einen ist beabsichtigt mit EU-Ostseeanrainerstaaten wie Dänemark und Belgien gemeinsame Windparks zu bauen, zum anderen wurden bereits mit Überseestaaten wie Australien, Kanada und Namibia Verträge zur Produktion von grünem Wasserstoff geschlossen. Geplant ist, in unbewohnten Regionen mit viel Wind, Sonne und Wasser Strom zu produzieren und daraus Wasserstoff herzustellen, der dann gemäß des Mottos: "Shipping the sunshine" nach Deutschland und in andere europäische Länder verschifft wird (15), (s. auch Kap.5.4).

Langfristziele der Bundesrepublik für die Einhaltung der Klimaziele

Abbildung 9: Windpark vor Dänemark (Foto: Marianne Karpenstein-Machan)

4. Ist Vollversorgung mit Erneuerbaren in Deutschland möglich?

4.1 Mit Wasserstoff – Paradigmenwechsel

In den vergangenen Jahren wurden immer wieder Energiemodelle von verschiedenen wissenschaftlichen Instituten berechnet, die eine Vollversorgung der Bundesrepublik mit erneuerbaren Energien vorsahen. Geopolitische Gründe und Versorgungssicherheit des Industriestaates Deutschland spielten dabei eine Rolle. Mit der Wasserstoffinitiative 2020 der vergangenen Bundesregierung gab es einen Paradigmenwechsel. In Kenntnis der bis dato viel zu geringen Ausbauraten an erneuerbaren Energien, die für die erforderlichen Mengen an grünem Strom benötigt werden, um daraus grünen Wasserstoff herzustellen und der Energiekrise in Folge des Krieges in der Ukraine, werden die alten Modelle der fossilen Energiewirtschaft aus der Schublade geholt. Regierungsvertreter sehen sich in afrikanischen und arabischen Ländern nach Standorten und Partnerschaften um, um erneuerbaren Strom dort zu produzieren und mit Hilfe von Elektrolyseuren in Wasserstoff umzuwandeln. Dieser soll dann nach Deutschland transportiert werden (s. Kap. 5.4)

4.2 Vollversorgung durch dezentrale Erzeugung und Einbindung in das europäische Netz

Eine neue Studie von Mario Kendziorski et al. (2021) (16) vom Deutschen Institut für Wirtschaftsforschung (DIW) greift das Thema Vollversorgung für Deutschland wieder auf und zeigt, wie im europäischen Kontext eine sichere Vollversorgung mit Erneuerbaren aussehen könnte. Es wird davon ausgegangen, dass auch europaweit keine fossilen und atomaren Energien mehr verwendet und Deutschland in ein europäisches Verbundnetz eingebunden ist. Alle drei Sektoren Industrie, Haushalte und Gewerbe mit ihrem Strom-, Wärme- und Mobilitätsbedarf werden berücksichtigt.

Die Basis der Studie ist eine Modellierung mit dem Ziel die Klimaneutralität in Deutschland zu erreichen. Aus der komplexen Modellierung ergibt sich die Energienachfrage zu diesem erreichten Zeitpunkt. Das Modell ist so programmiert, dass es bei verschiedenen zur Verfügung stehenden Technologien einen kostenoptimierten Pfad wählt. Die Energieträger werden dann auf die verschiedenen Sektoren bezüglich ihres Bedarfes an Strom, Wärme und Kraftstoffen verteilt. In ihrem Modell gliedern die Wissenschaftler Deutschland in 38 Planungsregionen und platzieren in jeder Region Wind- und Solarenergie, Umwandlungs- und Speicherkapazitäten. Die Wissenschaftler untersuchen zwei Szenarien – ein desintegriertes und ein integriertes. Im ersten Fall werden nur die Erzeugungstechnologien sowie Speichertechnologien so platziert, dass sie den höchstmöglichen Ertrag bringen, die Nähe zu den Verbrauchern bleibt unberücksichtigt. Dieses Verfahren repräsentiert grob den aktuellen Planungsprozess des Netzentwicklungsplans, so die Wissenschaftler. Beim integrierten Szenario werden die Investitionen in den Netzausbau und in die Erzeugungs- und Speicherkapazitäten gemeinsam betrachtet und die Nähe zu den Verbrauchszentren gesucht. Es erfolgt eine Abwägung zwischen dem höchsten Ertrag und den dafür notwendigen Netzausbaukosten. Im Ergebnis werden im desintegrierten Ansatz mehr Wasserstoffturbinen und Offshore-Windparks benötigt und die Netzausbaukosten liegen deutlich höher. Im integrierten Szenario muss PV- und Windenergie an Land stärker ausgebaut und mehr Batteriespeicher geplant werden.

Folgt man dem integrierten Szenario in der Studie müssten für eine deutsche Vollversorgung mit EE die Ausbauziele für Photovoltaik um weitere 42 Prozent und Windenergie an Land um nahezu das Doppelte im Vergleich zu den bisherigen Plänen der Bundesrepublik für 2030 erhöht werden. (s. Abbildung 10). Dies sei möglich, so die Autoren der Studie, denn alle Regionen haben Potenziale für erneuerbare Energien. Im integrierten Szenario werden durch die Sektorenkopplung große Einsparungspotenziale mobilisiert: Die Energienachfrage sinkt von 2.500 TWh auf 1.200 TWh. An einem Beispiel wird gezeigt, dass auch an einem Wintertag mit geringster EE- Einspeisung durch Wind und PV die stündliche Vollversorgung durch das System gewährleistet ist. Zur Versorgungssicherheit trägt die Einbindung Deutschlands in ein europäisches Verbundnetz bei, das den Export von Strom bei Überschuss oder auch den Import zur Deckung der Nachfrage gewährleistet.

Der Vorteil von dezentralen Erzeugung-, Umwandlungs- und Speicherstrukturen liegt in geringeren Infrastrukturkosten, da die Erzeugung von Energie und ihr Verbrauch nahe zusammenliegen. Die Dezentralität erspart den in der Bevölkerung unbeliebten Trassenausbau mit Überlandleitungen. Mitautorin der Studie Claudia Kemfert, Leiterin der Abteilung Energie, Verkehr, Umwelt am Deutschen Institut für Wirtschaftsforschung in Berlin zu den Ergebnissen der Studie: " Die Vollversorgung mit erneuerbaren Energien ist möglich und sicher". Das Modell zeigt im Ergebnis eine starke Elektrifizierung aller Sektoren im Energiemarkt. Der Bioenergie wird auch auf lange Sicht nur eine sehr konservative Rolle, auf dem Niveau des derzeitigen Status quo zugeschrieben. Daher bleiben auch die noch nicht gehobenen, großen Reststoffmengen und biogenen Abfälle (s. Kap. 9), die im Sinne der Kreislaufwirtschaft genutzt werden müssen, im Modell unberücksichtigt. Auch die Ausgangsbedingungen, wie zum Beispiel im Gebäudesektor hinsichtlich des Energiestatus und den sich daraus ergebenden Kosten für die Sanierung, damit eine Wärmepumpe sinnvoll eingesetzt werden kann, können in einem schon sehr komplexen Modell nur unzureichend dargestellt werden. Die Bioenergie, die zurzeit den Wärmemarkt dominiert, verschwindet daher vollständig im Modell aus diesem Sektor. Ob die Pfadoptimierung im Modell hier immer auf dem richtigen Weg ist, bleibt abzuwarten. Die Wirklichkeit zeigt in der Regel ein differenzierteres Bild als es im Modell abgebildet werden kann.

Aber unabhängig von der Rolle der Bioenergie im zukünftigen Energiesystem, zeigt die Studie beeindruckend, dass eine Vollversorgung aus eigenen, heimischen Quellen keine Illusion ist und bei entsprechend langfristiger, vorausschauender Planung und Nutzung aller Einsparpotenziale möglich ist. Die Frage bleibt, ob die Politiker und die Bevölkerung einem neuen Leitbild „Vollversorgung" folgen können und wollen (s. auch Kap. 5.5).

Wie in Kapitel 1.1 beschrieben, gab es im deutschen Kaiserreich 18.362 Windmühlen. Ausgehend von einer durchschnittlichen Leistung einer Onshore-Windanlage von 5 Megawatt, bräuchten wir bei der Variante Vollversorgung ca. 2,4 mal so viele Anlagen wie 1895 im deutschen Kaiserreich. Zumutbar für die heimische Bevölkerung?

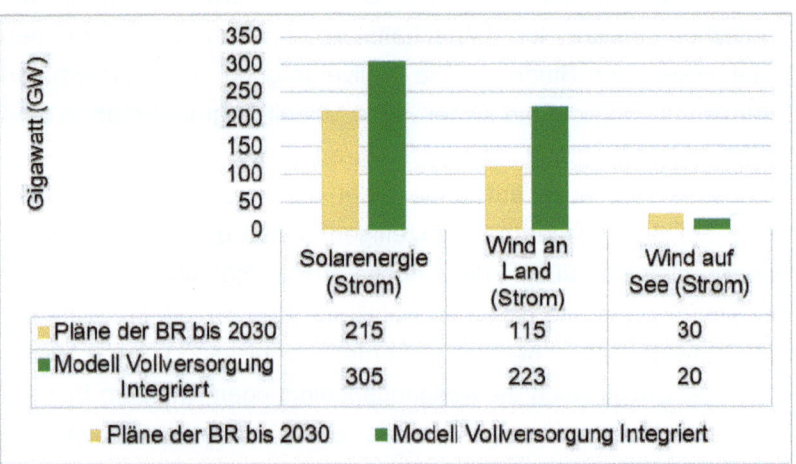

Abbildung 10: Vergleich der Ausbaupläne mit EE der Bundesregierung mit dem Modell Vollversorgung mit integriertem, dezentralem Ansatz

5. Der Weg zu regenerativen Energien über Nachhaltigkeitsprinzipien

5.1 Starke und schwache Nachhaltigkeit

Der Begriff „Nachhaltigkeit" ist in aller Munde: Politiker, Medien und Industrie verwenden ihn ständig, selbst in abstruser Weise: wie z.b. nachhaltige Atomenergie, nachhaltige Rüstungsproduktion.

Konrad Ott und Ralf Döring (17) kritisieren die Expansion des Begriffs, da er dadurch an Bedeutung verliere und die eigentliche Intension trivialisiert, nämlich eine nachhaltige Lebensweise und Produktion, die ökologische, soziokulturelle und ökonomische Aspekte berücksichtigt. Sie unterscheiden zwischen schwacher und starker Nachhaltigkeit. Eine schwache Nachhaltigkeit liegt z. B. nach ihrer Definition vor, wenn das Naturkapital (z.b. Tropenwald) zugunsten des Human- und Sachkapitals verringert wird. Im praktischen Beispiel: eine Nutzung von endlichen Ressourcen wird gerechtfertigt, wenn gleichzeitig der Wohlstand der Bürger und die Infrastruktur sich verbessern. Ott und Döring (2008) definieren drei Kriterien für eine starke Nachhaltigkeit.

1. Bei der starken Nachhaltigkeit dürfen erneuerbare Ressourcen nur in dem Maße genutzt werden, in dem sie sich regenerieren (z. B. Holz als Energieträger).

2. Endliche Rohstoffe und Energieträger dürfen nur in dem Maße verbraucht werden, in dem während ihres Verbrauchs physisch und funktionell gleichwertiger Ersatz an regenerierbaren Ressourcen geschaffen wird.

3. Schadstoffemissionen dürfen die Aufnahmekapazität der Umweltmedien und Ökosysteme nicht übersteigen, und Emissionen nicht abbaubarer Schadstoffe sind unabhängig von dem Ausmaß, in dem noch freie Tragekapazitäten vorhanden sind, zu minimieren.

Energiewende

Wie ist der Ausbau der erneuerbaren Energien unter Nachhaltigkeitsaspekten zu bewerten? In den nachfolgenden Kapiteln werden die Themen Ressourcenverbrauch und Vollversorgung versus Energieimporte beleuchtet.

5.2 Ressourcenverbrauch Erneuerbarer Energien im Einklang mit starker Nachhaltigkeit?

Erneuerbare Energien produzieren nicht nur Energie, sie fordern neben den notwenigen Investitionssummen auch Rohstoffe, die zum Teil im Bergbau abgebaut werden müssen. Viele dieser metallischen Rohstoffe kommen aus China, Australien und Ländern des globalen Südens. In vielen dieser Länder gibt es Konflikte, da die Wasser- und Landnutzung zu massiven Umweltproblemen führt und die heimische Bevölkerung darunter leidet. Darüber hinaus stammen seltene Erden zum Beispiel zu ca. 80 Prozent aus China, so dass auch in diesem Bereich eine große Abhängigkeit besteht. Die seltenen Erden stecken z.B. in der Elektronik in LEDs, Lasern oder Displays, bei Elektroautos vorwiegend in Akkus und Magneten.

Bisher hat man sich kaum die Mühe gemacht nach seltenen Erden in Deutschland oder Europa zu suchen, da wie in vielen anderen Bereichen der Bezug aus China günstig war und auch die Umweltprobleme die mit dem Abbau verbunden sind, hierzulande vermieden werden konnten. Durch explodierende Preise in den Bezugsländern begann aber langsam ein Umdenken. Bereits 2012 wurde vom Bundesforschungsministerium ein Forschungsprogramm aufgelegt, um nach den sogenannten kritischen Rohstoffen zu suchen, die für den High-Tech Standort Deutschland wichtig sind... und man wurde fündig: Zum Beispiel wurde im Seeschlick der Ostsee, den Bagger jedes Jahr aus der See holen, um Strände herzurichten, Zirkon in großen Mengen gefunden. In Zirkon sind seltene Erden eingebettet.

Der Weg zu regenerativen Energien über Nachhaltigkeitsprinzipien

Die Absetzbecken ehemaliger Erzbergwerke im Harz sind reich an Indium, Gallium und Kobalt. Bis zu 50 Tonnen Indium, 200 Tonnen Gallium und 1.300 Tonnen Kobalt stöberten die Forscher im Schlamm der Seen am Rammelsberg auf. Dort wird ein kommerzieller Abbau angestrebt. Die Vision der Forscher im Harz ist, die Wälle und Dämme samt den Absetzbecken zurückzubauen und alle werthaltigen Rohstoffe daraus zu gewinnen. Das würde auch die Umweltbelastung durch die Metalle vermindern.

Selbst in Abwässern und im Rheinwasser gibt es seltene Erden. Da es keine Grenzwerte für seltene Erden im Abwasser und Wasser gibt, leiten Betriebe wissentlich oder unwissentlich die rohstoffreichen Rückstände in den Rhein (18). Auch im Wasser und Abwasser wurden die kritischen Rohstoffe Gadolinium und Lanthan gefunden. Auf dem Weltmarkt teuer erkauft, aber im Trinkwasser gesundheitlich bedenklich. Diese sollten auf jeden Fall zurückgewonnen werden.

Die heimischen Funde an metallischen Rohstoffen und seltenen Erden sind ein Anfang, um die erneuerbare Energiewirtschaft auf eigene Beine zu stellen und krisensicherer zu machen. Die gesamten Potenziale sind noch nicht bekannt. Ein großes Potenzial kann jedoch durch intelligente Recyclingverfahren und das Wiederverwenden von Materialen gehoben werden. Dies hilft Rohstoffe einzusparen und Abhängigkeiten sowie Umweltprobleme zu reduzieren. Produzierende Unternehmen müssen ihre Produkte überdenken und neugestalten, so dass Kreislaufwirtschaft ermöglicht wird. In einer transformierten Ökonomie müssen Materialen und Komponenten aller Art im Kreislauf gehalten werden. Abfallentsorgung ist ein Auslaufmodell, in einer zirkulären Ökonomie sollten solche linearen Ströme ersetzt werden durch vielfältige, komplexe Rückführungs- und Einführungsflüsse (19).

5.3 Begrenzte Ressourcen gezielt einsetzen

Welche Metalle werden nun für welche Energien benötigt? Tshin-Ilya Chaydare, Michael Reckordt und Hendrik Schnittker erstellten im Auftrag der Heinrich-Böll-Stiftung eine Studie in der der Materialverbrauch der Erneuerbaren den konventionellen Energietechniken gegenübergestellt wurde (20). Sie untersuchten zunächst den Bedarf an Aluminium, Eisen, Kupfer und Mangan und stellten fest, dass die erneuerbare Energieproduktion keinen wesentlich größeren Bedarf an Metallen hat als fossile Energien. Kleine Wasserkraftwerke und PV-Dachanlagen brauchen sogar deutlich weniger Rohstoffe. Bezogen auf die Megastunde Strom werden etwa 340 Gramm Metalle in einem Kleinwasserwerk benötigt, in einem Kohlekraftwerk sind es bis zu 3.920 Gramm, also das zehnfache. Ein weiterer wichtiger Punkt: „Obwohl auch der Ausbau erneuerbarer Energietechnologien große Mengen an Metallen benötigt, ist die Materialintensität deutlich geringer, da bei Gas- und Kohlekraftwerken zusätzlich die verbrannten fossilen Rohstoffe hinzugerechnet werden müssen", so die Autoren.

Was den Bedarf an von der EU als kritisch angesehen Rohstoffen anbetrifft (Aluminium, Phosphor, Fluorit, Silizium) ist die Windkraft allen anderen Technologien gegenüber im Vorteil. PV-Anlagen sind insbesondere im Aluminium- und Fluoritbedarf materialintensiv.

In erster Linie sollten die begrenzten Rohstoffe den erneuerbaren Energietechnologien zugutekommen und dieser prioritär behandelt werden, denn der Ausbau der Mobilität mit Personenfahrzeugen ist besonders materialintensiv und sollte deshalb erst in zweiter Linie berücksichtigt werden. Hier sind es alleine die Batterien für die Elektrofahrzeuge, ohne Berücksichtigung der Karosserie, die immense Tonnen an Aluminium, Nickel und Kupfer bis zum Jahr 2030 benötigen (knapp 800.000 Tonnen Aluminium, 250.000 Tonnen Nickel und mehr als 130.000 Tonnen Kupfer). Die Mengen entsprechen ungefähr dem achtfachen an Aluminium und Nickel des gesamten geplanten Zubaus an Windkraftanlagen in Deutschland von heute bis 2030, so die Autoren Chaydare, Reckordt und Schnittker. Eine Abkehr vom Individualverkehr hin zu mehr öffentlichem Verkehr in Bus und Bahn ist aus Sicht der Konkurrenz um begrenzte Ressourcen wichtig. Des Weiteren sind eine Ökonomie der Kreislaufwirtschaft der Rohstoffe und die Langlebigkeit sowie Reparierbarkeit der Produkte von essenzieller Bedeutung für eine Energiewende, um die Nachhaltigkeitsziele nicht zu konterkarieren (s. Kap. 5.2).

5.4 Nachhaltigkeitsaspekte unter dem Blickwinkel Vollversorgung und Energieimporte

In Kapitel 4.2 ist eine energetische Vollversorgung durch dezentrale Energieerzeugung und -nutzung beschrieben. Gegenwärtig wird durch politische Entscheidungsträger nur eine teilweise Eigenerzeugung mit erneuerbaren Energien angestrebt, der größte Anteil der Erneuerbaren soll über Partnerschaften mit europäischen und asiatischen bzw. afrikanischen Ländern importiert werden. Wie sind beide Pfade unter Nachhaltigkeitsaspekten zu beurteilen?

Bei beiden Pfaden können Nachhaltigkeitsaspekte, wie sie in den drei Leitsätzen für starke Nachhaltigkeit formuliert sind, eingehalten oder verletzt werden (s. Kap. 5.1). Welcher Pfad nachhaltiger ist, kann lediglich anhand eines konkreten Projektes nach ökologischen, sozialen und ökonomischen Kriterien beurteilt werden. Im eigenen Land mag das noch möglich sein, bei Auslandprojekten wie z.B. beim Wasserstoffprojekt der Bundesrepublik in Namibia ist das bedeutend schwerer (s. Kap. 3.4). Im eigenen Land hat man auf die Einhaltung von Umwelt- und Sozialstandards durch gesetzliche Vorgaben mehr Einfluss als in Drittländern. Bei europäischen Partnerschaften kann man weitgehend von gleichen Sozial- und Umweltstandards ausgehen. Bei Partnerschaften mit afrikanischen Ländern kann man nicht unbedingt davon ausgehen. Auch das Thema Korruption ist nicht zu vernachlässigen. Laut „Corruptions Perception Index" liegt Namibia im Ländervergleich auf Platz 60, während z.B. Deutschland auf Platz 10 liegt. Wenn das Projekt wirklich ein Gewinn für beide Länder sein soll, spielen Transparenz und vertrauenswürdige, erfahrene Investoren eine große Rolle. Die Bundesrepublik als finanzstärkerer Partner übernimmt aus moralischen Gründen auch Verantwortung für die Umwelt- und sozialen Auswirkungen im Partnerland. Ein ähnliches Großprojekt „Desertec" welches 2009 mit viel Euphorie von der Bundesrepublik und der Industrie in Nordafrika initiiert wurde, war aufgrund von politischer Instabilität, Zerstrittenheit der zahlreichen Finanzpartner und Fehler in der Planung nach einigen Jahren gescheitert.

Man kann konstatieren: Die angestrebte stärkere Unabhängigkeit, die die Regierung nach den Erfahrungen von 2022 mit dem Ukrainekrieg erreichen wollte, wird durch solche Projekte konterkariert. Viel Geld floss bereits in das Nordstream-Gasprojekt, welches nun aus politischen Gründen nicht genutzt wird. Mit dem Namibia-Projekt begibt man sich wiederum auf einen Weg mit unsicherem Ausgang. Des Weiteren folgt man den alten Mustern der fossilatomaren Energiewirtschaft mit Großprojekten in fernen Ländern, die die Schaffung von gigantischen Infrastrukturmaßnamen und weite Transporte über die Weltmeere erfordern. Das erhöht nicht nur die Energiepreise, sondern als Investoren kommen lediglich große finanzstarke Player infrage. Bürgerenergiegenossenschaften, die bisher die Energiewende in Deutschland nahezu alleine gestemmt haben, werden wohl kaum die Möglichkeiten haben und das Kapital zur Teilhabe aufbringen können. Die Hoffnung Partnerschaften mit fernen, sonnenreicheren Ländern einzugehen, mag darin gründen, schneller die Klimaziele zu erreichen, da wenig Widerstand in der Bevölkerung in den dünn besiedelten Ländern erwartet wird. In der nachfolgenden Tabelle 2 werden in Form einer Stärken-Schwächen

Der Weg zu regenerativen Energien über Nachhaltigkeitsprinzipien

Analyse die Argumente, die für und gegen die Pfade Vollversorgung und Energieimporte sprechen, zusammengefasst.

Tabelle 2: Stärken – Schwächen – Analyse Vollversorgung versus Energieimporte

Stärken Vollversorgung	Schwächen Vollversorgung
• Sichere Versorgung durch dezentrale Erzeugung • Nachhaltigkeitsaspekte können besser kontrolliert werden • Bürgerprojekte und Bürgerbeteiligung an Projekten möglich • Stabilität durch Einbindung in europäisches Netz • Weitgehende Unabhängigkeit von geopolitischen Krisen • Geringer Trassenausbau (Strom; Wärme) durch Nähe der Verbraucher an der Energieerzeugung • Arbeitsplätze in Land und Stadt • Geringere Energiepreise durch dezentrale Erzeugung	• Widerstand von Bürgerinitiativen zu erwarten • Flächenverbrauch und Landschaftsveränderung • Umweltverträglichkeitsprüfungen kosten Zeit • Ausbauziele werden evtl. nicht erreicht

Stärken Energieimporte	Schwächen Energieimporte
• Ausbauziele in Deutschland werden evtl. früher erreicht • Partnerschaften – wirtschaftliche Chancen für ärmere Länder • Arbeitsplätze im Partnerland entstehen	• Hohe Abhängigkeit von Drittland • Hohe Kosten für Aufbau neuer Infrastruktur • Hohe Energiepreise • Korruptionsgefahr • Lange Transportwege • Unsichere Lieferung bei politischen Unruhen • Negative Auswirkungen auf Umwelt im Erzeugerland • CO_2-Abdruck wird verlagert ins Ausland

5.5 Dezentrale versus zentrale Energieerzeugung

Die Energiewende von fossil-atomar auf erneuerbare Energie bedeutet auch eine Umkehr von zentralen zu dezentralen Energieverteilungsstrukturen. Während bisher Großkraftwerke "auf der Wiese" Strom erzeugten und in die Fläche über die Hochspannungsnetze über Mittelspannungsnetze in die Niederspannungsnetze verteilten, wird die Verteilung des Stromes bei heimischen erneuerbaren Energien vom der unteren Spannungsebene auf die höhere Spannungsebene verlaufen. Viele kleine und mittelgroße Wind-, PV- und Biogasanlagen speisen ihren Strom in die untere und mittlere Spannungsebene und nur die Energie die dort nicht benötigt wird, gelangt in die Hochspannungsnetze (s. Abbildung 11). Energieerzeugung und Energieverbrauch liegen bei dezentralen Konzepten eng beieinander und ersparen weite Transporte und Energieverluste über die Hochspannungsebene. Da Strom im erneuerbaren Energiesystem eine große Rolle spielt – durch weitgehende Elektrifizierung des Wärmemarktes und der Mobilität – führen dezentrale Energieerzeugung in Verbrauchsnähe im Vergleich zu zentraler Erzeugung zu mehr Effizienz und Versorgungssicherheit (21). In einem neueren Papier geben die VDE-Experten konkrete Handlungsempfehlungen

Der Weg zu regenerativen Energien über Nachhaltigkeitsprinzipien

für die Umsetzung einer dezentralen Energieversorgung auf der Basis zellularer Strukturen. Statt dem unbeliebten Netzausbau empfehlen sie eine effiziente Erzeugung und Nutzung von Energie auf allen Ebenen. Durch Sektorenkopplung und Nutzung von lokal erzeugter Energie kann der Netzausbau minimiert sowie Kosten und Ärger erspart werden (22).

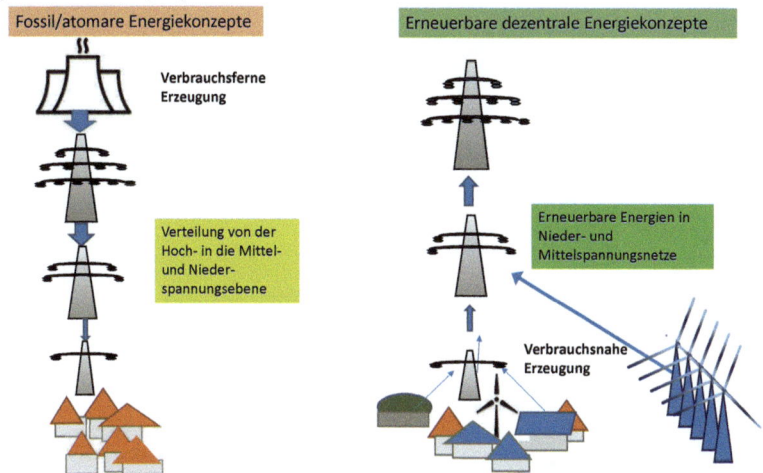

Abbildung 11: Zentrale fossil/atomare (links) und erneuerbare dezentrale Energiekonzepte (rechts), eigene Grafik

6. Regenerative Energie und ihre Potenziale

6.1 Wind

Das neue „Windenergie-an-Land-Gesetz" gibt ein verpflichtendes Flächenziel von 2 Prozent der Landesfläche vor. Bislang sind bundesweit lediglich 0,8 Prozent der Landesfläche für Windenergie an Land ausgewiesen. Das erscheint zunächst als sehr viel. Im Vergleich zur Siedlungs- und Verkehrsfläche mit 14 Prozent ist das allerding deutlich weniger. Die 2 Prozent – in Hektar 715.000 – umfassen jedoch zunächst nur die Flächenkulisse in der die Windenergieanlagen (WEA) stehen sollen, nicht die durch die WEA tatsächlich in Anspruch genommene Fläche. Wieviel tatsächlich an Fläche durch WEA versiegelt werden, wurde vom Kompetenzzentrum für Naturschutz und Energiewende (KNE) (23) berechnet. Bei einem Raumbedarf von 16,5 Hektar pro Anlage, wird von weniger als einem halben Hektar an voll- und teilversiegelter Fläche ausgegangen. Der Flächenbedarf moderner Windenergieanlagen beläuft sich für die Sockelfläche auf circa 100 Quadratmeter (24). Die übrige Fläche bleibt unversiegelt und kann weiterhin landwirtschaftlich, forstlich oder zu Naturschutzzwecken genutzt werden. Die Abstände zwischen den WEA müssen gewahrt werden, um Verschattungseffekte (Windklau) zu vermeiden. Sie sind abhängig von den Anlagengrößen und den vorherrschenden Windgeschwindigkeiten. Der fünffache Rotordurchmesser gilt als Faustformel für den Abstand zwischen den Anlagen.

    Obwohl es bislang deutlich mehr WEA im Norden des Landes gibt und ein deutliches Nord-Südgefälle zu verzeichnen ist, gibt es in jedem Bundesland geeignete Standorte für Windanlagen. Ab einer Windgeschwindigkeit von durchschnittlich 5 Meter pro Sekunde, gemessen in Narbenhöhe, lohnt eine Anlage. In Baden-Württemberg wurde bereits 2010 ein Windatlas erstellt, welcher 2019 aktualisiert wurde. Er bietet eine umfassende Datengrundlage für die Planungen von Windkraftanlagen. Über die Kartendarstellung können Flächen gefunden werden, die aufgrund ihres Windpotenzials für den Bau von Windkraftanlagen geeignet sind. Die Karten zeigen die Windleistungsdichte in Watt pro Quadratmeter auf. Auch andere Bundesländer haben Windatlanten erstellt.

Wie eine Studie aus dem Jahr 2013 zeigt, bieten sich in Deutschland deutlich mehr Möglichkeiten für die Windenergie an Land an, als bisher angenommen. Rund 13,8 Prozent der deutschen Landesfläche sind nach einer Studie des Umweltbundesamtes (UBA) (25) für die Windenergie sinnvoll nutzbar, ohne dabei sensible Naturräume zu beeinträchtigen oder Abstriche beim gesetzlichen Lärmschutz zu machen. Möglich wäre demnach eine installierte Windenergieleistung von bis zu 1.200 Gigawatt (GW). Derzeit sind an Land rund 57 GW Windenergie installiert, die bereits 41 Prozent des deutschen Stroms liefern. Auch bei steigendem Strombedarf aufgrund weiterer Elektrifizierung der Sektoren Wärme und Mobilität und der in Kapitel 4.2 beschriebenen Vollversorgung in Deutschland, wären lediglich 223 GW installierte Leistung nötig. Das zeigt, dass wir das immense Potenzial nur zu einem kleinen Teil ausschöpfen müssen, um unsere Klimaziele zu erreichen.

Abbildung 12: Windenergieanlagen im Wald in Nordhessen (Foto: Marianne Karpenstein-Machan)

6.2 Sonne

Während es bei der Windenergienutzung ein Nord-Süd-Gefälle gibt, verhält es sich bei der Nutzung von Sonnenenergie zur Stromgewinnung genau entgegengesetzt. In Bayern und Baden-Württemberg ist die installierte Leistung an Sonnenenergieanlagen am größten. Eine Karte des Deutschen Wetterdienstes zeigt die mittleren Jahressummen der Einstrahlung in Kilowattstunden pro Quadratmeter (26). Die beiden südlichen Bundesländer haben das größte Potenzial mit Einstrahlungsstärken über 1.100 bis 1.200 kWh/m2. Aber auch bei der Sonnenenergie gilt, wie bei potenziellen Windstandorten: in ganz Deutschland gibt es geeignete Standorte für Solaranlagen – Photovoltaik (PV) und Solarthermie. Laut Studie des Fraunhofer- ISE werden für die Energiewende bis 2040 ca. 400 Gigawatt (GW) installierte Leistung an PV benötigt (27). Derzeit sind 67 GW, verteilt auf über 2 Millionen Anlagen installiert. Das Potenzial ist jedoch weitaus größer. Besonders in ländlich geprägten Landkreisen gibt es größere

Energiewende

Grundstücke mit geringerer Verschattung als in städtischen Regionen, und ein Großteil der Ein- und Zweifamilienhäuser sind zur Errichtung einer Solaranlage geeignet. Würde dieses Potenzial genutzt, könnten dort laut UBA (29) 11,7 Millionen Anlagen auf ländlichen Dächern installiert werden.

Bisher nicht berücksichtigt sind die Gebäudefassaden für Photovoltaik.

Das Architekturportal Solar Age gibt das Flächenpotenzial für Solarfassaden in Deutschland mit 12.000 Quadratkilometer an. Es sei damit doppelt so groß wie dasjenige für Dachanlagen. Zusammen mit den Dachflächen ergibt sich eine Gesamtfläche von 18.000 Quadratkilometern. Hier könnten theoretisch 2.400 GW Photovoltaik installiert werden, welches dem Sechsfachen des Bedarfs bei Vollversorgung entspricht (s. Kapitel 4.2).

Auch wenn diese theoretischen Berechnungen alleine nicht weiterhelfen, zeigen sie dennoch das riesige Potenzial, welches für die Energiewende zur Verfügung steht.

Abbildung 13: PV-Anlage auf Wohn- und Betriebsgebäude (Foto: Marianne Karpenstein-Machan)

6.3 Biomasse

Biomasse ist unter den erneuerbaren Energien zur Zeit der Spitzenreiter. Ca. 52 Prozent beträgt der Anteil der Biomasse an den erneuerbaren Energien. Dabei nimmt die Biomasse zur Wärmeerzeugung in Holzfeuerungsanlagen und aus Kraft-Wärmekopplungsanlagen, größtenteils Biogasanlagen, mit 35 Prozent den größten Anteil ein, gefolgt von Biomasse zur Stromerzeugung mit 10 Prozent. Biokraftstoffe haben einen Anteil von 7 Prozent (s. Abbildung 14). Damit trägt Biomasse erheblich zur Verringerung des Ausstoßes von Treibhausgasen bei, da bei der Nutzung von Biomasse zur Energieerzeugung nicht mehr Kohlendioxid freigesetzt wird, als zuvor von den Pflanzen aufgenommen wurde.

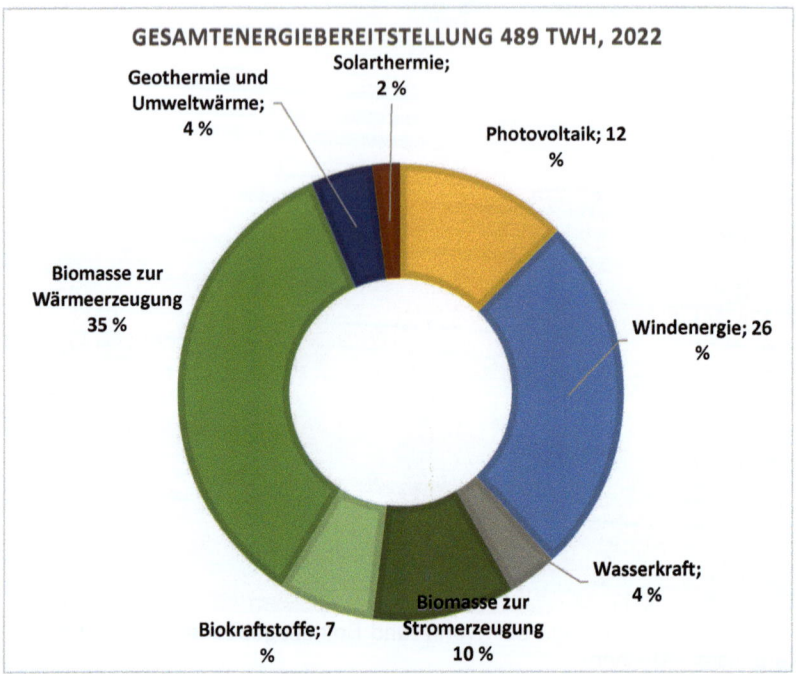

Abbildung 14: Energiebereitstellung aus erneuerbaren Energieträgern. Eigene Grafik auf Basis der Daten von AGEE-Stat, Stand 2/2023 (30)

Die Biomassenutzung wird derzeit in Regierungskreisen kontrovers diskutiert und es wurden nur geringfügige Ausbauziele festgelegt (s. Kapitel 3). Anderseits wird vom Bundesministerium für Ernährung und Landwirtschaft (BMEL) die Bedeutung der Biomasse und Bioenergie für den ländlichen Raum als eine besonders wichtige Wertschöpfungsquelle für die Land- und Forstwirtschaft sowie den ländlichen Raum hervorgehoben. Ebenso wie ihre wichtige Stellung als maßgeschneiderte Ergänzung zu Wind- und Sonnenenergie, da sie problemlos speicherbar ist und jederzeit abgerufen werden kann, wenn der Wind nicht weht und die Sonne nicht scheint. Als Alleskönner hat Biomasse ein Alleinstellungsmerkmal: Sie ist im energetischen Bereich sowohl Lieferant für Strom, Wärme, Kälte und Kraftstoffe und gleicht als Kurz-, Mittel- oder Langzeitkohlenstoffspeicher fluktuierende erneuerbare Energien aus (s. Kap. 7.3). Im stofflichen

Regenerative Energie und ihre Potenziale

Bereich ist Biomasse aktuell die einzige nicht-fossile Kohlenstoffquelle, bei der die Natur aufwändige Syntheseleistungen gleichsam gratis zur Verfügung stellt, als Baustoffe (z. B. Häuser, Möbel) oder als biobasierte neue Produkte, die die auf Basis fossiler Rohstoffe hergestellten Kunststoffartikel ersetzen werden.

Die Flächeninanspruchnahme für die sogenannten nachwachsenden Rohstoffe, die Energie- und Industriepflanzen, betrug im Jahr 2021 rund 2,6 Millionen Hektar (s. Tabelle 3). Bezogen auf die landwirtschaftliche Nutzfläche (LN) entspricht das 15,8 Prozent der LN und in Bezug auf die Landesfläche der Bundesrepublik 7,4 Prozent. Wind- und Solaranlagen sind der Biomasse in der Flächeneffizienz zwar deutlich überlegen, Biomasse ist jedoch ein natürlicher Bestandteil der Kulturlandschaft. Der ländliche Raum ist geprägt von landwirtschaftlichen Flächen und Wäldern, so dass der Anbau von nachwachsenden Rohstoffen, also Feldkulturen, die ebenso als Nahrungs- oder Futtermittel verwendet werden können, nicht als Fremdkörper wahrgenommen werden, sie integrieren sich in die Landschaft und können zur Diversifizierung der landwirtschaftlichen Fruchtfolgen beitragen. Beispiele hierfür sind Sonnenblumen, Durchwachsene Silphie (s. Abbildung 15) oder Blühmischungen für die Erzeugung von Biogas. Der derzeitige große Beitrag der Biomasse an den erneuerbaren Energien verdeutlicht das Potenzial des ländlichen Raums. Mehr als 200 Bioenergiedörfer in Deutschland zeigen, dass die Vollversorgung ihrer Dörfer mit Strom und Wärme aus regionaler Biomasse möglich ist (s. Kap. 8.1).

Abbildung 15: Silphie (Silphium perfoliatum), Energiepflanze und Bienenweide (Foto: Karpenstein-Machan)

Tabelle 3: Anbau nachwachsender Rohstoffe in Deutschland, eigene Darstellung auf Basis der Daten von FNR, BMEL, 2023 (31)

Pflanzen	Rohstoff	in Hektar
Industriepflanzen	Industriestärke	155.000
	Industriezucker	11.900
	Technisches Rapsöl	75.000
	Technisches Sonnenblumenöl	27.470
	Technisches Leinöl	5.100
	Pflanzenfasern	6.990
	Arznei- und Färberpflanzen	12.000
Energiepflanzen	Rapsöl für Biodiesel	665.000
	Pflanzen für Bioethanol	216.000
	Pflanzen für Biogas	1.410.000
	Pflanzen für Festbrennstoffe (z.B. Miscanthus, Agrarholz)	11.200
Gesamtanbaufläche Nachwachsende Rohstoffe		2.595.660

6.4 Wasser

Ebenso wie die Windenergie ist die Wasserkraft eine sehr alte natürliche Energiequelle. Bereits zur Römerzeit gab es die ersten mit Wasser angetriebenen Mühlen, mit denen die Menschen Getreidekörner zu Mehl vermahlten.

In Deutschland gibt es ca. 7.300 Wasserkraftanlagen mit einer insgesamt installierten Leistung von etwa 5.600 Megawatt (MW). Bayern und Baden-Württemberg dominieren in der Anlagenanzahl. Dort sind zwei Drittel der bundesdeutschen Anlagen zu finden (s.Abbildung 16). Die Kleinkraftanlagen unter 1 MW dominieren, sie stellen zwar 94 Prozent der installierten Leistung, tragen allerdings nur zu etwa 14 Prozent zur Stromproduktion bei. Das Gros der Stromproduktion kommt von Anlagen über 1 MW. In 2022 wurden rund 4 Prozent (ca. 20 TWh) des Bruttostromverbrauchs in Deutschland durch Wasserkraft bereitgestellt (32). Der Anteil der Wasserkraft an den Erneuerbaren Energien betrug 6,8 Prozent.

Aufgrund von unbeständigen Niederschlagsmengen unterlag die Stromproduktion aus Wasserkraft in den letzten Jahren starken Schwankungen. Klimawandel und lange Dürreperioden schränkten die Stromproduktion der Wasserkraft ein.

Das Umweltministerium (UBA) hatte bereits 2010 eine Studie in Auftrag gegeben, um das zusätzliche Potenzial an Wasserkraft in Deutschland abzuschätzen (33). Die Autoren der Studie kommen zu dem Schluss, dass das nutzbare Potenzial bereits weitestgehend ausgeschöpft ist. Das UBA konstatiert: „Eine Erhöhung der Stromerzeugung aus Wasserkraft kann lediglich durch die Modernisierung und Erweiterung bestehender Anlagen erreicht werden". Spätere vom UBA beauftragte Studien kommen ebenfalls zu dem Ergebnis, dass die Wasserkraft ihr technisch-ökologisches Potenzial im großen Ganzen bereits ausgeschöpft hat.

Energiewende

Abbildung 16: Wasserkraft in den Bundesländern (Stand 2/2019): Eigene Grafik nach Daten des Bundesverband Deutscher Wasserkraftwerke (BDW) e.V. (32).

7. Status quo der Technologien und Zukunftsmusik

7.1 Windenergie – hoch hinaus

Windenergieanlagen an Land werden immer größer und leistungsstärker. Während in den 1980er Jahren die durchschnittlichen Rotordurchmesser bei 50 Kilowatt (kW)-Anlagen noch 15 Meter betrugen, hatten die Anlagen um die Jahrtausendwende bereits Rotordurchmesser von 40 Metern und die Leistung betrug mit 500 kW das 10-fache. In den 20iger Jahren des neuen Jahrtausends sind die Anlagen weiter gewachsen. Der durchschnittliche Rotordurchmesser beträgt bereits 120 Meter, die durchschnittliche Leistung 3.000 kW, mit beträchtlicher Spannbreite nach oben und unten (1.000 kW – 7.000 kW) (s. Abbildung 17). Die Narbenhöhe erreicht 130 Meter (33). Durch neue und effizientere Anlagen ist auch die Anzahl der Volllaststunden gestiegen. Der Vergleich der durchschnittlichen Volllaststunden aller Onshore-Anlagen in Deutschland mit denen der in 2018 neu installierten Anlagen, zeigt den Fortschritt deutlich: die Volllaststunden der neuen Anlagen liegen mit 2.788 Volllaststunden deutlich über dem Durchschnitt aller installierten Anlagen, die lediglich ca. 1.800 Stunden erreichen.

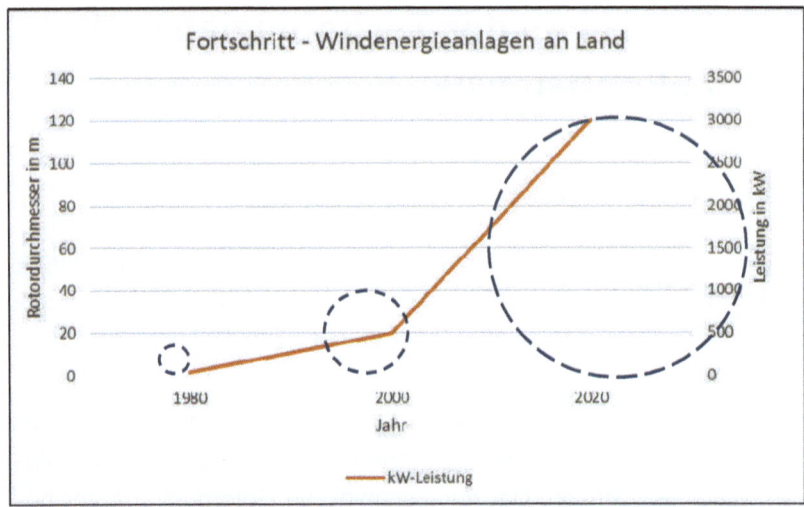

Abbildung 17: Fortschritt bei Windenergieanlagen an Land durch größere, effizientere Anlagen. Eigene Grafik nach Daten von IWES und Bundesnetzagentur (34)

Der Windenergie an Land kommt in der Energiewende in Deutschland die größte Bedeutung zu (s. Kapitel 3.3). Aber auch Offshore-Anlagen sind deutlich leistungsstärker geworden. Darüber hinaus gibt es neue Ideen und Pilotprojekte für See- und Landanlagen. Schwimmende Windkraftanlagen auf einer im Wasser treibenden Plattform versprechen Kosteneinsparungen, da teure Fundamente in der Tiefe entfallen. Gehalten werden die schwimmenden Kraftwerke durch ein riesiges Rohr, welches wie eine Boje im Wasser schwimmt und mit Halteseilen am Meeresgrund verankert ist. Ein Prototyp schwimmt bereits vor der schottischen Küste. Zur effektiveren Ausgestaltung des Unterbaus bestehen bereits einige Ideen (35).

Auch Windenergieanlagen ohne Rotorblätter könnte es in Zukunft geben. Eine spanische Firma entwickelt sowohl Kleinanlagen für Hausdächer, als auch große Landanlagen. Ein runder Turm ist bei Landanlagen im Boden verankert und wird durch den Wind in Schwingungen versetzt. Die Schwingungen und Verformungen des Materials führen zu einer elektrischen Spannung, so die Firma Vortex Bladeless in Spanien (36). Anlagen über 100 Meter Höhe sind geplant. Die Massenproduktion soll bereits in 2 bis 3 Jahren beginnen. Das Versprechen der Firma: Die Anlagen sind sehr leise, wartungsarm, preisgünstig und das Material ist mehr als 15 bis 20 Jahre haltbar. Ob das alles so zutrifft, bleibt abzuwarten. Neben geringeren Winderntemengen sehen kritische Experten noch weitere Nachteile. Auf jeden Fall wäre es eine Erweiterung der Möglichkeiten Windenergie zu nutzen, zum Beispiel auf Standorten, wo Bewohner Schattenwurf und Beeinträchtigungen für Vögel befürchten.

7.2 Die Sonne schickt keine Rechnung

7.2.1 PV – Innovation und Recycling

„Rund die Hälfte des weltweiten Stroms muss langfristig von der Sonne kommen", sagt Dr. Jan Christoph Goldschmidt, langjähriger Mitarbeiter am Fraunhofer ISE (37).

Zweifelsfrei hat die Sonneneinstrahlung ein riesiges Potenzial um die Energieversorgung der Menschen auf der Erde weit über deren Bedarf sicherzustellen. Ein Engpass ist derzeit der hohe Ressourcenbedarf für die Herstellung von Solarzellen. Um einen schnellen Ausbau der Photovoltaik zu ermöglichen, bedarf es sowohl effizienterer Herstellungstechnologien als auch Strukturen für das Recycling von Altanlagen. Im Fraunhofer ISE wird an Technologien geforscht, um den Materialbedarf zu reduzieren oder kritische Materialien ganz zu ersetzen. Die Fraunhofer ISE-Ausgründungen sollen Innovationen im PV-Bereich voranbringen. Die Spezialisierung zeigt bereits Erfolge: so konnten die Silberkontake in den Modulen durch Kupfer ersetzt werden. An Kupfer gibt es keinen Mangel, denn die Menge an Kupfer, die in Deutschland recycelt wird, würde nach Aussagen des Fraunhofer ISE für den zukünftigen globalen Bedarf in der Solarzellenherstellung ausreichen. Auch die Silizium-Wafer, das Herzstück jeder Photovoltaikzelle, können wesentlich effizienter hergestellt werden als bisher. Dies schlägt sich sowohl im niedrigeren Energie- und CO_2-Verbrauch, als auch im Preis nieder.

Ein neu entdecktes Material – Perowskit – verspricht eine Revolutionierung der PV-Technologie im Ressourcenverbrauch und Kosteneinsparung. Perowskite sind Doppelsalze aus einem organischen und einem metallischen Salz. Sie werden aus einer einfachen Lösung hergestellt und bilden einen hauchdünnen Kristallfilm. Das Fraunhofer ISE entwickelt damit Solarzellen, die mit einem Siebdrucker oder Tintenstrahldrucker auf eine Glasplatte aufgebracht werden. „Eine Modulfabrik in Deutschland wäre um 80 Prozent günstiger als eine herkömmliche Silizium-Photovoltaik-Fabrik, die Solarzellen selbst wären um 50 Prozent billiger", so die Fraunhofer Wissenschaftler. Auch an den Wirkungsgraden der Zellen wird „gebastelt". Hier versprechen Tandem-Solarzellen auf Silizium-Perowskit-Basis hohe Wirkungsgrade bei niedrigen Kosten.

Herkömmliche Solarzellen aus polykristallinem Silizium wandeln etwa 15 bis 20 Prozent der eingefallenen Sonnenstrahlung in Strom um. Mehrschichtige Zellen können ein größeres Spektrum des Sonnenlichts nutzen, dadurch steigt zwar der Wirkungsgrad erheblich, aber auch die Kosten für die Module (37).

7.2.2 PVT – Strom und Wärme im Doppelpack

Photovoltaikanlagen (PV) liefern Strom, Solarthermieanlagen Wärme. Solarthermie hat von allen erneuerbaren Technologien den höchsten Wirkungsgrad. Im Gegensatz zu PV-Modulen wird bei Solarthermie mit steigenden Außentemperaturen der Wirkungsgrad erhöht und 40 bis 85 Prozent der eingestrahlten Energie in nutzbare Wärme umgesetzt. Schon einige Jahre wird an der Kombination von PV- und Solarthermiemodulen gearbeitet, denn die sogenannten photovoltaisch-thermischen Module (PVT) bringen für beide Modultypen Vorteile. Bei Sonneneinstrahlung und hohen Temperaturen wird die vom PV-Modul abgestrahlte Wärmeenergie von der Solarthermie aufgenommen und kühlt dabei das PV-Modul, beide Module können so effektiver arbeiten und der Gesamtertrag steigt. So erreichen neue innovative PVT-Module bis zu 80 Prozent Wirkungsgrad.

Bei deutlich höherem Stromertrag sind sie kostengünstiger als PV- und Solarthermiemodule nebeneinander. Weiterhin wird bei begrenzter Dachfläche die Energieerzeugung lohnender und mehr Energie pro Quadratmeter erzeugt. Die Module können in Hoch- und Querformat installiert werden und sind nur wenig schwerer als herkömmliche Photovoltaik-Module.

In Verbindung mit einem Wärmespeicher oder einer Wärmepumpe können Ein- und Mehrfamilienhäuser, Bürogebäude oder Industrie- und Gewerbeanlagen weitgehend autark mit Strom und Wärme versorgt werden. Je nach energetischem Status des Gebäudes kann im Winter noch eine Zusatzheizung erforderlich werden.

Die PVT-Module haben bereits die Serienreife erreicht und wurden auch schon in modernen Niedrigenergie-Mehrfamilienhäusern in Kombination mit Luft/Wasser-Wärmepumpen verbaut (38, 39).

7.2.3 Bifazial – beidseitig fotoaktive Solarmodule

Bifaziale Module können von beiden Seiten Sonnenlicht aufnehmen und Strom produzieren. Aufgrund der höheren Leistung wird weniger Fläche benötigt, um die gleiche Anlagenleistung wie monofaziale Systeme zu erreichen (40). Die Module werden entweder senkrecht aufgeständert und in Nord-Südrichtung oder Ost-Westrichtung ausgerichtet, oder waagerecht mit geringer Neigung installiert. Auf landwirtschaftlichen Flächen werden die Module senkrecht mit weiten Abständen zwischen den Reihen aufgestellt, so dass eine landwirtschaftliche Nutzung zwischen den Reihen möglich ist (Abbildung 18). Der Boden reflektiert die Solarstrahlung, die die bifaziale Rückseite der Module verwerten kann (s. auch Kap. 12.1). Die waagerechte Aufständerung kann zum Beispiel auf überdachten Parkplätzen genutzt werden. Optimal ist ein heller Untergrund der die Sonnenstrahlung besonders gut reflektiert.

Es zeichnet sich ab, dass die bifazialen Module die altbewährten monofazialen Module auf längere Sicht vom Markt verdrängen werden.

Abbildung 18: Beidseitig photoaktive Solarmodule auf landwirtschaftlicher Nutzfläche (Foto: Fa. Next2Sun)

7.3 Biomasse – schließt die Energielücke

7.3.1 Biomasse – Nahrung, Futter und Energie

Unter Biomasse versteht man organische, kohlenstoffhaltige Masse pflanzlichen oder tierischen Ursprungs. Biomasse wächst als Feldkulturen auf dem Acker, als Gras und Kräuter auf Wiesen und an Straßenrändern, als Holz in Wäldern und fällt als Reststoff wie z. B. Stroh, Waldrestholz und Grünschnitt nach landwirtschaftlicher/forstlicher Nutzung oder kommunaler Pflege an. Auch Abfälle aus der Biotonne sowie tierische Exkremente wie Gülle und Stallmist werden als Biomasse bezeichnet. Das besondere an Biomasse, sie liefert uns Menschen Nahrung, Futter für Tiere und der Kohlenstoff in der Biomasse kann in Strom, Wärme und Kraftstoffe umgewandelt werden. Die energetische Nutzung von Biomasse gewann vor 20 Jahren mit Einführung des Erneuerbaren Energien Gesetzes (EEG) zunehmend an Bedeutung. Die Überproduktion an Getreide und niedrige Weltmarktpreise für Nahrungsmittel machten den Weg frei für den Anbau von Energiepflanzen auf den damaligen Stilllegungsflächen. Während anfangs hauptsächlich Mais und Raps als Energiepflanzen angebaut wurden, hat sich mittlerweile das Anbauspektrum verändert. Ausschlaggebend war u.a. die Kritik der Bevölkerung am einseitigen Anbau unter dem Stichwort: Maismonokultur. Die Chancen und positiven Umweltwirkungen eines Anbaumixes aus Nahrungs-, Futter- und Energiepflanzen wurden häufig übersehen und auch zu selten umgesetzt. Einseitige Fruchtfolgen können durch Energiepflanzen erweitert und ökologisch optimiert werden (41, 42, 43). Der Forschungsansatz „Integrativer Energiepflanzenbau" wurde von der Autorin über viele Jahre wissenschaftlich erarbeitet und in landwirtschaftlichen Betrieben im Rahmen von Forschungsprojekten umgesetzt (s. Abbildung 19) (44).

Der integrative Energiepflanzenbau soll die Nutzung der Landschaft mit dem Schutz der Landschaft enger verkoppeln, so dass beide Zielstellungen nicht konträr verlaufen, sondern durch innovative Anbaukonzepte beide Ziele auf der gleichen Fläche verwirklicht werden können. Integrativer Energiepflanzenbau kann z. B. auf Gunststandorten hohe Biomasseerträge umweltfreundlich mit Mischkulturen erzeugen und in Form von biozidfreien Blühstreifen am Ackerrand in artenarmen Landschaften zur Biodiversität beitragen und das Landschaftsbild verbessern. Ebenso kann der Anbau von mehrjährigen Wildkräutermischungen oder anderen Dauerkulturen wie z. B. Silphie (s. Kap. 6.3) als Biogassubstrat einen Beitrag zum Naturschutz und zur Bioenergiegewinnung leisten. Solche artenreiche Anbaukonzepte werden heute zunehmend verwirklicht. Gesetzliche Vorgaben, wie zum Beispiel der sogenannte Maisdeckel und Nachhaltigkeitsverordnungen leisten dem Umdenken unter Landwirten Vorschub. Blühstreifen für mehr Biodiversität und als Nahrung für

Bienen und andere Insekten werden in bundesweiten Aktionen durch Landwirte angelegt. In 2018 betrug der Anbau von Blühstreifen 117.057 Hektar und erreichte eine Länge von 234.114 Kilometern (45). Integrative Anbaukonzepte und Fruchtfolgen mit Nahrungs-, Futter- und Energiepflanzen, die sich dem Klimawandel anpassen, werden in dem Buch „Anbaukonzepte in Zeiten des Klimawandels" beschrieben (98).

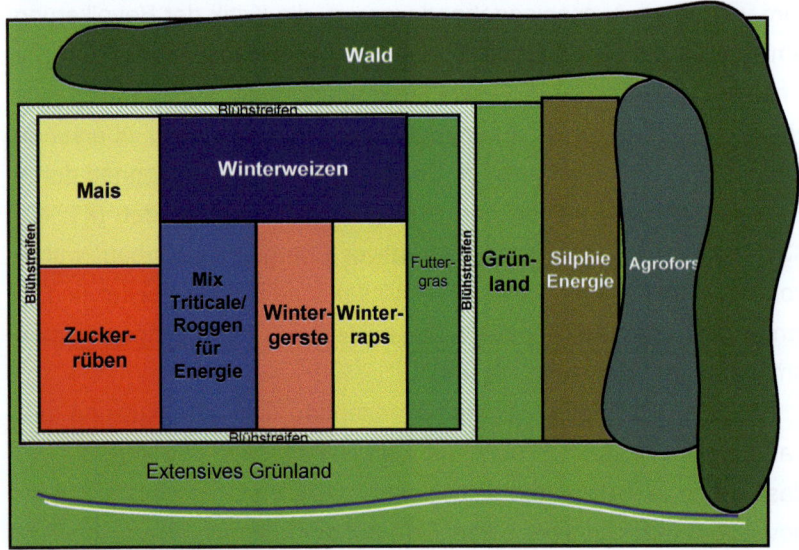

Abbildung 19: Integratives Konzept mit Nahrung-, Futter- und Energiepflanzen (44), eigene Grafik

7.3.2 Biogas – gibt Gas für alle Sektoren

Biogas wurde bereits vor der Hochzeit der Nutzung in Deutschland und Europa in vielen sogenannten Entwicklungs- und Schwellenländern als Energiequelle zum Kochen und zur Beleuchtung in kleinen hauseigenen Anlagen genutzt. Durch das EEG in Deutschland erfuhr Biogas eine Beschleunigung im technologischen Fortschritt, der Anlagenzahl und der Anlagenleistung. Die Zahl der Anlagen ist seit der Jahrtausendwende von ca. 1.000 auf knapp 10.000 Anlagen in 2022 gestiegen.

Die durchschnittliche Anlagenleistung liegt derzeit bei 778 Kilowatt (kW), im Jahr 2000 lag sie noch bei ca. 200 kW (46). Das Wachstum kam mit dem EEG 2016 und dem Umstieg von fester Vergütung auf das Ausschreibungsmodell (s. Kapitel 3.1) fast zum Erliegen. Seither gibt es keinen nennenswerten Zubau an Anlagen, mit Ausnahme kleiner Anlagen unter 100 kW, die hauptsächlich mit Gülle als Inputstoff betrieben werden.

Allerdings wurden die Biogasanlagen durch eine neue Förderstruktur fit für die Zukunft gemacht. Während in der Vergangenheit die Blockheizkraftwerke (BHKW) der Biogasanlagen rund um die Uhr und über das ganze Jahr liefen, um die Grundlast an Strom zu liefern, werden heute ca. 85 Prozent der Anlagen flexibel betrieben und vermarken den Strom an der Börse. Um bedarfsgerecht Strom zu liefern, bedarf es einer sogenannten Überbauung der Biogasanlage, das heißt es werden mehrere BHKWs benötigt, um zu Spitzenzeiten des Stromverbrauchs auch mehr Strom zu produzieren und höhere Preise an der Börse zu erzielen. Zu Zeiten mit geringem Stromverbrauch und wenn Wind und Sonne viel Strom produzieren, ruhen die BHKWs. Mit entsprechendem Zubau an Gas- und Wärmespeichern können Biogasanlagen Strom erzeugen wenn er gebraucht wird – auch nachts, an windstillen Tagen oder bei hoher Nachfrage, wenn Wind und Sonne nicht liefern können. Damit schließt Biogas eine Strom-Energielücke, die in der Energiewende mit zunehmendem Ausbau von Wind- und Solaranlagen gefüllt werden muss.

Ortsferne Biogasanlagen ohne zufriedenstellendes Wärmekonzept oder auch Anlagenbetreiber die neben der Wärmeversorgung ihrer Kunden, Biogas-Kapazitäten übrighaben, können ihr Biogas zu Biomethan aufbereiten. Mittlerweile sind mehrere praxisreife „Wäscheverfahren" auf dem Markt, die CO_2 und andere störende Gase aus dem Biogas entfernen und ein reines, auf Erdgasqualität aufbereitetes sogenanntes Biomethan erzeugen. In Deutschland gibt es ca. 233 Biomethananlagen, die ins Erdgasnetz einspeisen (Stand

2021) (47). Von dort fließt das Gas direkt über Gasleitungen in den Wärmemarkt zu Gaskunden oder wird in einem Biomethan-BHKW verstromt. Neben der Einspeisung ins Erdgasnetz ergibt sich noch eine weitere Option der Selbst-Vermarktung: das Betreiben einer Tankstelle für Fahrzeuge, die mit Gas betrieben werden. In Deutschland sind ca. 85.000 Erdgas-PKW und 8.200 Erdgas-LKW zugelassen. Auch Landmaschinen können auf Gas umgerüstet werden. In Kooperationen mit Landwirten oder Logistikunternehmen mit Fuhrpark können sich neue Geschäftsmodelle entwickeln.

In Regionen mit vielen Biogasanlagen in räumlicher Nähe kann ein weiteres Konzept zum Tragen kommen: eine gemeinsame Aufbereitung des Biogases zu Biomethan in einer zentralen Aufbereitungsanlage. Das reduziert die Kosten für die Aufbereitung und eröffnet eine weitere Möglichkeit für die Zukunft. Zum Beispiel kann das „Abfallprodukt" CO_2 aus der Aufbereitung zum Wertstoff werden im Zusammenspiel mit Windenergieanlagen. Ein Überangebot an Windstrom zu bestimmten Zeiten führt zur Abregelung der Anlagen, dies muss jedoch zukünftig vermieden werden, da Strom aus EE-Anlagen wertvoll ist. Ein Ausweg wäre Speicherung oder Überführung in eine andere Energieform, die benötigt wird. Hier ist der Wärmemarkt prioritär zu nennen. Über Elektrolyse kann überschüssiger Strom zunächst in Wasserstoff (H) überführt werden. Dieser kann dann direkt als Energieträger für industrielle Prozesse verwendet werden. Der Wasserstoff kann aber auch mit dem aus der Biomethanproduktion abgetrennten CO_2 wieder zu Methan (CH_4) reagieren.

Dies eröffnet verschiedene Wege in die drei Sektoren Wärme/Kälte, Strom und Mobilität – über das BHKW, das Gasnetz, die direkte Verwendung als Kraftstoff sowie den Einsatz in einer Brennstoffzelle (s. Abbildung 20).

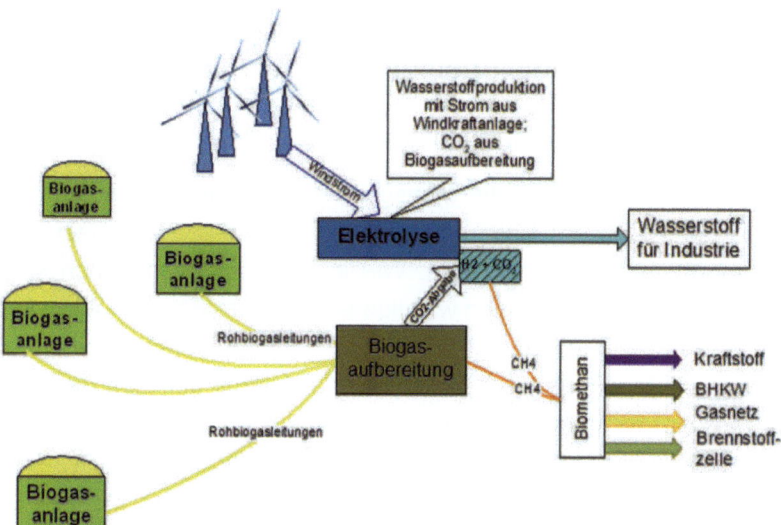

Abbildung 20: Die vielfältigen Nutzungsmöglichkeiten von Biogas im Verbund mit Sektorenkoppelung, eigene Grafik

Dünger – weiterer Mehrwert dank Biogasanlagen

Dass Gärrest aus der Biogasanlage ein hervorragender organisch-mineralischer Dünger für Feldkulturen und Grünland ist, wissen bereits viele konventionell wirtschaftende und besonders auch ökologisch wirtschaftende Landwirte zu schätzen. Durch die Kombination von organisch-mineralischen Anteilen im Gärrest wirkt der Dünger sowohl schnell als auch langanhaltend. Die unvergorenen Lignin-Hemizellulose-Anteile im Dünger tragen des Weiteren zum Humusaufbau bei. Wird der Dünger wieder auf die Flächen zurückgebracht, wo die Energiepflanzen wuchsen, entsteht eine Kreislaufwirtschaft und konventioneller Mineraldünger wird eingespart oder im Idealfall überflüssig.

7.3.3 Holzenergie – von der archaischen Energiequelle zur Spitzentechnologie

7.3.3.1 Holzverbrennung

Holznutzung ist eng mit der Menschheitsgeschichte verbunden. Bis heute dient Holz als Bau- und Werkstoff sowie als Energiequelle, insbesondere als Wärmequelle. Wie in Kap. 6.3 beschrieben sind Holz und weitere Biomassen wichtige erneuerbare Energieträger. Mit 120 Terrawattstunden liefert die Holzwärme ungefähr 5 Prozent des deutschen Endenergieverbrauchs und liegt damit auf dem gleichen Niveau wie die Windkraftenergie in Jahr 2021(122 TWh) (48). Die Technologie der Holzverbrennung hat sich in den letzten Jahrzehnten immens weiterentwickelt. Moderne Holzheizungen mit Pellets oder Holzhackschnitzeln weisen nur noch sehr geringe Emissionen auf. Holzhackschnitzelanlagen werden auch vielfach mit modernen Filtersystemen ausgerüstet, die Staubemissionen effektiv vermindern. Pellets bestehen aus Sägenebenprodukten (über 90 Prozent Sägespäne) und nicht sägefähigem Rundholz aus der holzverarbeitenden Industrie. Pelletbrennwertheizungen sind durch die Nutzung der Wärme im Abgas besonders effizient (s. Abbildung 21). Neue Technologien wie „Zero Flame" reduzieren die Emissionen auf ein Minimum. Die Pelletproduktion in Deutschland liegt mit 3,6 Millionen Tonnen über dem Verbrauch von 3,1 Millionen Tonnen. Mit den vorhandenen Kapazitäten in Deutschland könnten sogar 3,9 Millionen Tonnen produziert werden, sagt Martin Bentele vom Deutschen Energieholz- und Pelletverband (DEPV). Rund 87 Prozent der produzierten Pellets werden auch im eigenen Land verbraucht, der Rest kommt aus den Nachbarländern (49). Waldrestholz, welches nicht für die stoffliche Nutzung geeignet ist, dient als Brennstoff für Hackschnitzelheizungen. Althölzer und behandelte Hölzer werden in eigenen Anlagen mit besonderer Filtertechnik verbrannt.

Im Gegensatz zu den Holzheizungen, bei denen moderne Elektronik mit Sensoren die Verbrennung so steuert, dass der Energieträger effizient genutzt und sauber verbrennt, sind 12 Millionen

Einzelraumfeuerungen in Deutschland oft die Ursache für hohe Staubemissionen. Gravierende Fehler bei der Bedienung des Ofens (fehlerhaftes Anzünden, Luftzufuhr bleibt zu lange offen, zu spätes Nachlegen, Überladung des Brennraumes) und ungeeignete Brennstoffe (zu feuchtes Holz, Papier, Pappe) sind die Gründe für die Umweltbelastungen. Die Nachrüstung mit modernen Staubabscheidern könnte Abhilfe schaffen, ist aber nicht verpflichtend. Ein vom Umweltbundesamt gefördertes Projekt „Ofenführerschein" ist in 2023 gestartet und soll den Ofenbetreibern durch kostenlose und freiwillige Schulungen das „richtige Heizen" nahebringen (50, 51).

Abbildung 21: Moderne emissionsarme Pelletbrennwertheizung (Foto: Karpenstein-Machan)

7.3.3.2 Holzvergasung und Pyrolyse

Im Gegensatz zur Holzverbrennung ist die Holzvergasung eine thermo-chemische Konversion unter Ausschluss von Sauerstoff mit dem Endprodukt eines brennbaren Gases. Durch das Erhitzen von Holz oder anderer holziger Brennstoffe in einem Reaktionsbehälter wird die Biomasse auf ein Temperaturniveau von 350 °C bis 900 °C gebracht. Das Temperaturmanagement und die Einsatzstoffe sind entscheidend für die Ausgangsprodukte und deren Mengen und Qualität. Im Vergasungsprozess (Pyrolyse) wird die Biomasse in eine Gas-, Öl- und Kohlephase aufgetrennt. Insbesondere das brennbare Gas und die Pflanzenkohle sind angestrebte Endprodukte für weitere Verwertungspfade (s. Abbildung 22).

Die Produktion von Pflanzenkohlen aus Biomasse im Pyrolyseverfahren gewinnt zunehmend an Bedeutung. Pyrolyse ist eine anerkannte Negativemissionstechnologie. Pro Tonne produzierter Pflanzenkohle werden etwa 3 Tonnen CO_2-Äquivalente langfristig in der Kohle gebunden. Studien hierzu gehen davon aus, dass von einer stabilen Einlagerung von mehreren 100 bis mehreren 1000 Jahren ausgegangen werden kann. Somit eröffnet sich die Möglichkeit, mit Pflanzenkohlen in den CO_2-Sequestrierungshandel einzusteigen.

Die Verwendung von Pflanzenkohle ist vielfältig und reicht u. a. vom Bodenverbesserer im Landschafts- und Gartenbau, als Futterzugabe und Einstreu in der Tierhaltung, bis hin zu zahlreichen Anwendungen in der Industrie: Aktivkohle zur Filterung von Wasser und Gasen, zur Zement- und Keramikproduktion oder in organischen Kohlenstoff-Verbundwerkstoffen (52, 53).

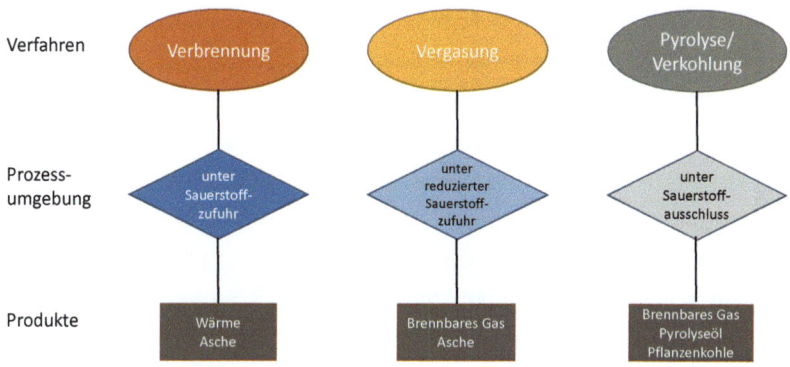

Abbildung 22: Verfahren zur Gewinnung von Energie und Beiprodukten aus Holz und strukturreicher Biomasse

7.3.4 Ökosystem Wald langfristig sichern

Holz dient nicht nur als Energieträger zur Wärmegewinnung. Der überwiegende Anteil des Holzes wird stofflich genutzt für Möbel, Holzwerkstoffe, Zellstoffe und zunehmend auch in der Bioökonomie, um nicht nachhaltige Produkte wie Plastik und Kunststoffe durch natürliche, nachwachsende Rohstoffe zu ersetzen.

In der nationalen Bioökonomiestrategie hat die Bundesregierung Leitlinien und Handlungsfelder festgelegt, um Wirtschaft und Gesellschaft zunehmend unabhängiger von fossilen Rohstoffen wie Kohle, Erdöl und Erdgas zu machen und Biomasse ausgewogen, effizient und umweltverträglich zu verwenden. Der Wald erfüllt über die Holznutzung hinaus vielfältige Funktionen für Mensch und Umwelt wie zum Beispiel als CO_2-Senke, zum Schutz und zur Reinhaltung von Boden, Luft und Wasser, als Lebensraum für vielfältige Pflanzen und Tiere, die Jagd und für Freizeit und Erholung. Diese verschiedenen sogenannten Ökosystemleistungen müssen für die nächsten Generationen erhalten werden, was vor dem Hintergrund des Klimawandels eine große Aufgabe darstellt. Mit dem Förderprogramm „Waldklimafond" der Bundesregierung sollen Maßnahmen zur Anpassung der Wälder an den Klimawandel umgesetzt werden, um arten- und strukturreiche Wälder zur Sicherung der Lebensgrundlage auf Dauer zu erhalten. Die Antwort auf die Frage: Wird sich die Natur alleine an den Klimawandel anpassen oder bedarf es einer Unterstützung durch trockenresistente Arten auch aus anderen Florenbereichen, ist unter Experten umstritten. Wenn alle Ökosystemleistungen erhalten werden sollen, sowohl die Holzwirtschaft als auch die natur- und umweltbezogenen Leistungen, wird es wohl auf einen Kompromiss hinauslaufen, der nicht nur von Experten ausgetragen werden sollte, sondern auch die Gesellschaft einbezieht (54). Der Waldumbau auf klimaresistente Baumarten hat bereits in der Waldwirtschaft begonnen. Wieviel Prozent des Waldes gänzlich aus der Nutzung genommen werden sollen, um sich auf natürliche Weise zu verjüngen, ist noch umstritten. Aus Kreisen des Bundesministeriums für Ernährung und Landwirtschaft (BMEL) sind 10 Prozent Naturwald in den öffentlichen Wäldern im Gespräch. Nach Ergebnissen des Thünen Instituts werden, bezogen auf die Baumartenzusammensetzung bereits ca. 36 Prozent der Wälder sehr naturnah bzw. naturnah bewirtschaftet. Für 41 Prozent trifft dies nur bedingt zu. Der Rest der Wälder wird stark durch eine Kulturart bestimmt (55), (s. Abbildung 24).

Abbildung 23: Ökosystem Wald erhalten (Foto: Marianne Karpenstein-Machan)

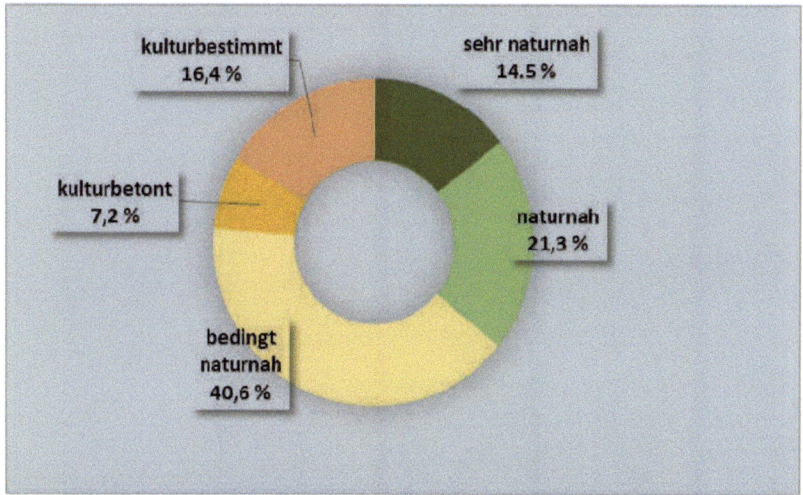

Abbildung 24: Bewirtschaftung des Waldes, nach Daten des Thünen Instituts auf Basis der dritten Bundeswaldinventur (55) (eigene Grafik)

8. Kommunale Konzepte zur Eigenversorgung

8.1 Bioenergiedörfer – Vorreiter der Energiewende

Das wohl bekannteste Konzept zur Eigenversorgung ist in Bioenergiedörfern umgesetzt worden, in denen Strom und Wärme aus lokaler Biomasse erzeugt wird. Der Bioenergiedorfgedanke – Ergebnis einer sozialen Innovation – ist weltweit auf Interesse gestoßen und in gleicher oder ähnlicher Form nachgeahmt und im Verbund mit anderen erneuerbaren Energien weiterentwickelt worden (56). Typische Bioenergiedörfer betreiben eine Biogasanlage und erzeugen Strom und Wärme in einem Blockheizkraftwerk (BHKW). Die Wärme wird über ein Nahwärmenetz an die angeschlossenen Haushalte verteilt, der erzeugte Strom in das öffentliche Netz eingespeist. Um die Wärmeversorgung auch in Spitzenzeiten des Wärmebedarfs sicherzustellen, werden vielfach sekundäre Wärmeerzeuger, wie Holzhackschnitzelheizwerke oder Spitzenlastkessel auf Basis von Öl oder Biomethan eingesetzt. Liegt die Biogasanlage zu weit vom Nahwärmenetz entfernt, werden Satelliten-BHKWs errichtet und betrieben. Viele Bioenergiedörfer sind genossenschaftlich organisiert und die Mehrheit der Anteile der Energieanlagen ist in Besitz der Bürger und Bürgerinnen im Dorf sowie der Landwirte, die Biomasse liefern. Das EEG 2004 mit festen Einspeisetarifen für Strom ermöglichte ein wirtschaftliches Betreiben der Bioenergiedörfer. Während in den ersten 20 Jahren des Betreibens der Energieanlagen der Strom noch ins regionale Stromnetz eingespeist wurde, überlegen jetzt viele Bioenergiedörfer den Strom direkt zu nutzen. Auch neue Geschäftsmodelle, die die Einbindung anderer erneuerbarer Energietechnologien, wie Wind- und Sonnenenergie zum Ziel haben, werden diskutiert. In den letzten Jahren wurde bereits die Effizienz der Biogasanlagen verbessert und die Inputstoffe teilweise auf Reststoffe umgestellt, denn diese beanspruchen keine landwirtschaftliche Fläche und stehen oft günstig zur Verfügung. Hinzu kamen neue Technologien, die schwer abbaubare Biomassen wie Gras, Stallmist und Stroh vor der Vergärung aufspalten (Laser, Querzerspaner, Extruder), so dass diese Einsatzstoffe mit höherem Biogas-Output vergoren werden können (57). Vielfältige Fruchtfolgen mit einem Mix aus Nahrungsmitteln-, Blühkulturen und Untersaaten zur Energienutzung wurden konzipiert, um die Biodiversität der Landschaft zu verbessern und den Humusgehalt der Böden zu stabilisieren bzw. zu erhöhen (58, 59, 60, 61).

Die Genossenschaften investierten auch in Technologien, die eine bedarfsgerechte Strom- und Wärmebereitstellung ermöglicht, wie zum Beispiel die Überbauung mit mehreren BHKW, sowie Gas- und Wärmespeicher. Mittlerweile gibt es bereits über 200 Bioenergiedörfer in Deutschland. Auf der Internetseite www. energiewendedörfer.de können auf der interaktiven Karte Bioenergiedörfer angeklickt und zum Beispiel Informationen über deren technische Ausstattung, Anschlussleistung und Einsatzstoffe abgerufen werden (s. Abbildung 26). Weitere hilfreiche Informationen und Handlungsempfehlungen auf dem Weg zum Bioenergiedorf bzw. die Weiterentwicklung eines Bioenergiedorfs zum Energiewendedorf befinden sich ebenfalls auf den Internetseiten.

Kommunale Konzepte zur Eigenversorgung

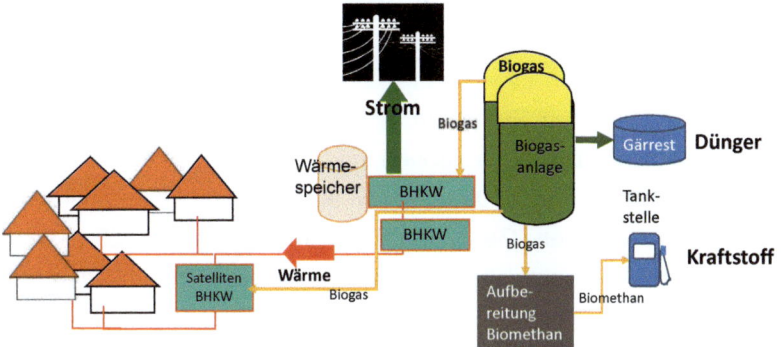

Abbildung 25: Erweitertes Konzept eines Bioenergiedorfes mit Aufbereitung zu Biomethan und Kraftstofftankstelle, eigene Grafik

Abbildung 26: Interaktive Karte mit Bioenergiedörfern auf www.energiewendedörfer.de

8.2 Alheim – die Energiewende fußt auf fünf Pfeilern

In der nordhessischen Gemeinde Alheim, im landschaftlich schönen Fuldatal und inmitten einer grünen und dünnbesiedelten Mittelgebirgslandschaft, leben 5.300 Menschen auf knapp 64 Quadratkilometern in zehn Ortsteilen. Georg Lüdtke war hier mehr als 20 Jahren Bürgermeister und es gelang ihm gemeinsam mit den Menschen der Gemeinde, die regionale Energiewende in überzeugender Weise einzuleiten – eingebettet in weitere Aktivitäten für einen sozialökologischen Lebenswandel. Die Energiewende der Gemeinde fußt auf fünf Pfeilern: Soziale Energiewende, Wirtschaftliche Stärkung, Nachhaltige Bildung für jung bis alt, Generationen-Netzwerk und Schaffung der Energie-, Gesundheits- und Bildungsregion ZuBRA.

Soziale Energiewende: Im Jahr 2004 wurde festgelegt, dass bis zum Jahr 2015 der Strom, den Alheimer Haushalte benötigen, im Gemeindegebiet erzeugt werden soll. Bis zum Jahr 2030 wurde das Ziel der weitgehenden Energieautarkie in den zehn Ortsteilen angepeilt. Bilanziell wurde im Jahr 2018 bereits der komplette Strombedarf selbst erzeugt. Der Strom kommt von zahlreichen nachgeführten Freiflächen-PV-Anlagen, PV-Dachanlagen und einer 500 kW Biogasanlage, die mit der Wärme ein 3 km langes Nahwärmenetz versorgt. Gut 30 Prozent des Wärmebedarfs der Gebäude werden mit Holzkesselheizungen und Biogaswärme bereitgestellt. Der soziale Aspekt drückt sich beispielsweise darin aus, dass Gemeindeeinnahmen durch Erneuerbare-Energien-Anlagen zur Förderung junger Familien ausgegeben werden und dass im Gemeindegebiet mehrere Solar-Elektro-Tankstellen existieren, an denen Elektromobile kostenlos Strom laden können.

Wirtschaftliche Stärkung: Konsequent unterstützte die Gemeinde Alheim die Ansiedlung eines Unternehmens, das nachführbare Solar- und andere Erneuerbare-Energien-Anlagen herstellt. Hier wurden viele Arbeitsplätze geschaffen. Auch wurde ein Kompetenzzentrum für „Neue Energie" eingerichtet. Die Gewerbesteuereinnahmen lagen in den Hochzeiten der Förderungen von Photovoltaik im Jahr 2011 bei zwei Millionen Euro je Jahr. Die Gemeinde erreichte über eine konsequent nachhaltige Ausrichtung eine enorme wirtschaftliche Stärkung.

Nachhaltige Bildung für jung bis alt: Seit vielen Jahren ist die Bildung für Nachhaltigkeit in den Kindertagesstätten und Schulen der Gemeinde gelebte Praxis. Im Umweltbildungszentrum Licherode wurden zum Beispiel hundert engagierte ältere Menschen zu Senior-Umwelttrainern ausgebildet, die in der Region ihr Know-how weitergeben. Die Alheimer Erfahrungen auf diesem Gebiet sind bundesweit sehr geschätzt.

Generationen-Netzwerk: Neben vielen weiteren Aktivitäten wurden beispielsweise über das Förderprogramm „Jung kauft Alt", das aus Einnahmen durch die Energieanlagen vor Ort basiert, 26 junge Familien beim Kauf von Immobilien gefördert.

Schaffung der Energie-, Gesundheits- und Bildungsregion ZuBRA: ZuBRA steht für Interkommunale Zusammenarbeit Bebra, Rotenburg, Alheim. Durch den Zusammenschluss mit angrenzenden Gemeinden und gemeinsame Aktivitäten in verschiedenen Bereichen werden die Kräfte der Region gebündelt: Die vorhandenen Bürger-Solarparks, Biogas- und Holzheizwerke mit Wärmenetzen erzeugen nicht nur erneuerbaren Strom und Wärme, sie dienen gleichzeitig dem Tourismus, denn ein Energie-Lehrpfad führt an den Anlagen vorbei. Auch Synergien der Landnutzung werden im Projekt „Sonnenei Alheim" im Ortsteil Heinebach demonstriert (93).

Energiewende

Abbildung 27: Unter den PV-Modulen genießen die Hühner des Biohofs im Ortsteil Heinebach im Sommer Schatten und Regenschutz, im Winter heizt Biogas-Wärme den Stall (Foto: Marianne Karpenstein-Machan)

8.3 Energiewende-Kleinstadt Lathen

Die Samtgemeinde Lathen im Landkreis Emsland (Niedersachsen) mit ca. 11.200 Einwohnern gehört zu den Energiewende-Pionieren in Deutschland. Angefangen als Bioenergiedorf Lathen in 2011, könnte man sie jetzt schon als Bioenergie-Stadt Lathen bezeichnen. Denn zwei Biogasanlagen und das Holzheizkraftwerk mit ORC-Technologie versorgen nicht nur Lathen, sondern auch die umliegenden Ortsteile über ein 70 km langes Nahwärmenetz. An dieses Netz sind über 800 Haushalte, öffentliche Gebäude und Industriebetriebe in der Samtgemeinde angeschlossen. Die Energiegenossenschaft Nahwärme Emstal eG betreibt die Anlagen. Die Bürger und die Gemeinde halten Genossenschaftsanteile. Als Brennstoffe werden nachwachsende Rohstoffe, Gülle, Waldrestholz, Landschaftspflegeholz und Holz aus Kurzumtriebsplantagen aus der Region eingesetzt. Aber nicht nur in Bioenergie, sondern auch in Wind- und Sonnenenergie wurde investiert. Inzwischen stehen im Samtgemeindegebiet 44 Windenergie- und viele PV-Anlagen. Insgesamt kommt eine jährliche Stromerzeugung von 130 Mio. Kilowattstunden (kWh) aus Wind, 30 Mio. kWh aus Photovoltaik und 40 Mio. kWh aus Biomasse zusammen. Rund 31 Mio. kWh Wärme aus Biomasse stehen für das Nahwärmenetz zur Verfügung. Die Lathener Bürger können sich auch an den Windparks und an einer weiteren Energiegenossenschaft im Ort, die Solaranlagen betreibt, beteiligen.

Die Gemeinde Lathen hat den Prozess der Gründung und des Ausbaus der Erneuerbare-Energien-Kommune aktiv begleitet und mit vorangetrieben. Das „Leitbild Energie" wurde 2013 im Kommunalparlament verabschiedet. Die darin formulierten Klimaziele sind ehrgeizig und übertreffen diejenigen von Bund und EU. Bei der Erzeugung erneuerbaren Stroms hat Lathen seine Ausbauziele längst übererfüllt: Bezogen auf den eigenen Verbrauch produziert Lathen heute über 300 Prozent grünen Strom, der ins öffentliche Netz eingespeist wird und hat so auch die Energiewende in den umliegenden Gemeinden mit vorangetrieben (62).

8.4 Dronninglund – eine ganze Stadt am solaren Wärmenetz

Abbildung 28: Solarthermiefeld in Dronninglund in Dänemark (Foto: Karpenstein-Machan)

Dronninglund, eine dänische Stadt mit knapp 3.500 Einwohnern liegt nordöstlich von Aalborg und nur wenige Kilometer von der Ostsee entfernt. Fernwärme hat in Dronninglund sowie in ganz Dänemark eine lange Tradition. Das Fernwärmenetz mit 50 Kilometer Länge wurde bereits im 1959 gebaut. „Dronninglund Fjernvarme" war im Jahr 1989 das erste dänische Fernwärmewerk, das Gasmotoren mit Kraft-Wärme-Kopplung zur Strom- und Wärmeproduktion installierte. 2008 entschied man sich auf erneuerbare Energien umzusteigen und Solarthermie einzusetzen. Bislang lag der solare Deckungsanteil bei anderen Projekten in Dänemark bei ca. 20 Prozent. In Dronninglund wollte man jedoch mehr und den solaren Deckungsanteil auf 50 Prozent erhöhen und letztendlich alle fossilen Energieträger ersetzen. Es wurde eine Genossenschaft gegründet und es gelang 98 Prozent der Haushalte als Genossen zu gewinnen und an das Wärmenetz anzuschließen. Diese hohe Quote wurde möglich, da die dänische Regierung per Gesetz festgelegt hat, dass alle Bürger an ein Wärmenetz anschließen müssen, es sei denn, sie können nachweisen, dass sie weniger als 20 kW/m^2 Wärmeenergie in ihrem Haus verbrauchen. Dieser geringe Energieverbrauch ist eigentlich nur bei Passivhäusern möglich.

Zur Umsetzung des Projektes wurde ein Solarthermiefeld mit ca. 38.000 Quadratmetern und 27 Megawatt Leistung und ein saisonaler Wärmespeicher mit 62.000 Kubikmeter Fassungsvermögen gebaut. Der Speicher hat eine konische Form, ist 100 mal 100 Meter lang und 16 Meter tief. Dort können ungefähr 5.500 Megawattstunden Wärme im Wasser gespeichert werden. Ein riesiges mit Wasser gefülltes Becken ist in der Erde verbaut, welches mit Folien ausgekleidet und isoliert ist. Mithilfe des Speichers und einer Wärmepumpe können 50 Prozent der Solarenergie in dem System gehalten und im Winter genutzt werden. Zusammen mit vier Gas-Blockheizkraftwerken (3,6 MW Strom- und 6,4 MW Wärmeleistung), zwei Bioölkesseln (16 MW Wärme) und einem Notgaskessel (8 MW Wärme) wird die Stadt ganzjährig mit Wärme versorgt. Solarwärme und die Wärmepumpe liefern 85 Prozent der Wärme. Bioöle haben einen Anteil von 10 Prozent, wobei ausschließlich Altfette aus der

Gastronomie verwendet werden. Der fossile Gasanteil ist von 50 Prozent in 2014 auf 5 Prozent in 2017 geschrumpft (s.Abbildung 29).

Der Foliendeckel des Wärmespeichers erwies sich als Schwachstelle im System, er musste in 2021 ersetzt und gegen eine verbesserte Variante ausgetauscht werden. Diese soll laut Zertifikat über 25 Jahre halten (63).

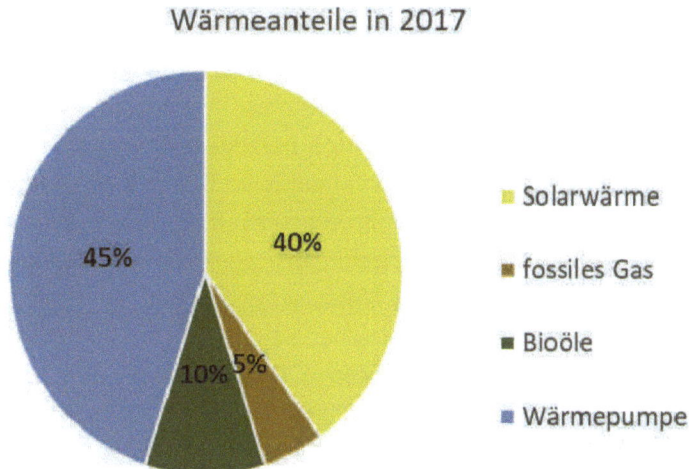

Abbildung 29: Wärmeanteile der Energieträger in Dronninglund in 2017, Eigene Grafik auf Basis Daten Dronninglund (63)

8.5 Bracht – ein kleines Dorf wird Sonnenenergiedorf

In Dörfern und Gemeinden auf dem Lande gibt es viele alte Häuser, zum großen Teil auch Fachwerkhäuser, die mehr als hundert Jahre alt sind. Laut Statista (2021) sind über 70 Prozent der Wohngebäude in Deutschland älter als 40 Jahre. Die Wärmeversorgung besteht zum überwiegenden Teil aus fossilen Quellen wie Heizöl und Gas. Um eine Dekarbonisierung des Gebäudebestandes zu erreichen, sind umfangreiche Wärmedämmungen und energetische Sanierungen notwendig. Wärmedämmung ist in sehr alten Häusern aufwendig und oft nur mit hohem Kostenaufwand möglich. Angesichts derzeitiger Sanierungsraten von schätzungsweise etwa 1 bis 2 Prozent pro Jahr sind die politischen Ziele bis zum Jahr 2030 fünfzig Prozent der Wärme klimaneutral zu erzeugen voraussichtlich nicht zu erreichen. Eine Nahwärmeversorgung auf der Basis von regionaler Biomasse, wie in den Bioenergiedörfern umgesetzt, ist daher eine Möglichkeit um Wärme nachhaltig bereitzustellen. Die Universität Kassel verfolgte in dem 800 Einwohner Dorf Bracht im Landkreis Marburg-Biedenkopf einen anderen Weg. Die Wärme soll, ähnlich wie in Dronninglund, im Wesentlichen mit einer solarthermischen Freiflächenanlage (11.600 m^3), einem Saisonalwärmespeicher mit 16.600 Kubikmeter und einer Wärmepumpe bereitgestellt werden (s. Abbildung 30). Im Gegensatz zu Dänemark sind Saisonalwärmespeicher in Deutschland noch nicht weit verbreitet. Kommunale Wärmekonzepte mit Solarthermie erreichen in der Regel solare Deckungsgrade von 20 bis 30 Prozent. Das Versorgungskonzept für Bracht setzt hauptsächlich auf die Wärmeeinspeisung durch Solarthermie in Form einer großen Freiflächenanlage. Flächen dieser Größe sind im ländlichen Raum leichter und günstiger zu finden als in Städten, daher eignet sich das Konzept Bracht besonders für ländliche Regionen. Laut der Kalkulation der Universität Kassel wird ein solarer Deckungsanteil des Systems von ca. 70 Prozent erreicht. Zur Abdeckung der Wärmespitze stehen ein Blockheizkraftwerk, ein Holzkessel und ein Pufferspeicher bereit. Zusammen mit dem Holzeinsatz läge der Einsatz an erneuerbaren Energien bei insgesamt ca. 84 Prozent. Aus Sicht des Klimaschutzes hat dieses Wärmeversorgungskonzept einen wesentlichen Vorteil: Die CO_2 Emissionen können innerhalb kürzester Zeit um etwa 80 Prozent gesenkt werden. Mit umfassenden Sanierungsmaßnahmen in jedem Haus des Dorfes wäre das bei weitem nicht so schnell zu erreichen (64).

Auch die berechneten Wärmekosten der solaren Wärmeversorgung sind mit ca. 16 Cent pro Kilowattstunde, einschließlich der Bundes- und Landesförderung, absolut konkurrenzfähig, so die Wissenschaftler der Universität Kassel. Nachdem die Vorplanungen in 2023 abgeschlossen wurden, geht das Projekt jetzt in die Ausführungs- und Umsetzungsphase.

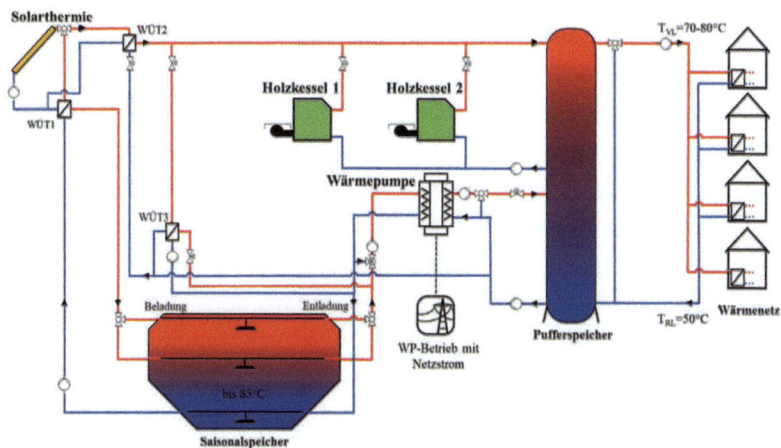

Abbildung 30: Energiekonzept für das Dorf Bracht. Quelle und Grafik: Universität Kassel, Fachbereich Maschinenbau, Institut für Thermische Energietechnik, Fachgebiet Solar- und Anlagentechnik (64)

8.6 Stuttgarts Stadtquartier gewinnt Wärme aus Abwasser

Die Stadt Stuttgart hatte bereits in Jahre 2000 auf einem ehemaligen Güterbahnhotgelände ein 22 Hektar großes Grundstück erworben, auf dem ein nachhaltiges Stadtquartier mit dem Namen „Neckarpark", entwickelt werden sollte. Wohngebäude inmitten von Grünflächen, Schulen, Sportstätten, Gewerbebetriebe, Dienstleistungsanbieter und ein modernes Mobilitätskonzept sollen ein nachhaltiges Leben in urbanen Raum ermöglichen. 850 Wohnungen für über 2.000 Menschen sind geplant. Die Bauherren der Gebäude werden verpflichtet, den Energiestatus eines Effizienzhauses gemäß KfW 55 einzuhalten. Das bedeutet, dass der jährliche Primärenergiebedarf nur 55 Prozent eines vergleichbaren Neubaus beträgt. Die Säule des Energiekonzepts für das neue Quartier ist die Nutzung der Abwasserwärme des städtischen Abwassers, das als Hauptenergiequelle zur Beheizung des Niedrigenergiequartiers dient. Die Wärme eines in der Nähe gelegenen Abwasserkanals wird mithilfe eines Wärmetauschers über ein Niedrigtemperatur-Nahwärmenetz genutzt.

In Niedrigenergie-Siedlungen mit geringem Energieverbrauch können die Vorlauftemperaturen des Wärmenetzes im Vergleich zu herkömmlichen Wärmenetzen deutlich abgesenkt werden (45° C oder niedriger). Erst dies ermöglicht eine großflächige Nutzung der Abwasserwärme. Die Wärmeenergie des Abwassers soll durch den sogenannten Rinnenwärmetauscher mit einer Leistung von 2.100 kW, der im Kanal installiert ist, entzogen und in ein Niedrigtemperatur-Nahwärmenetz eingespeist werden. Voraussetzung ist, dass die Fließgeschwindigkeit des Abwassers ausreichend hoch ist, um eventuelle Ablagerungen abzuspülen. Dies wird durch ein Gefälle des Abwasserkanals von mindestens 0,1 Prozent erreicht, so die Planer des Projektes. Das Brauchwasser zum Duschen und Baden soll in der Heizzentrale mittels eines Blockheizkraftwerks erzeugt werden. Das heiße Brauchwasser verläuft dann in separaten Vor- und Rücklaufrohren zum Verbraucher. Die Wärmeversorgung der Wärmekunden besteht dann schließlich aus Vor- und Rücklaufrohren für die Niedertemperatur-Raumwärme sowie Vor- und Rücklaufrohren für die heißes Brauchwasser (s. Abbildung 31). Der Wärmebedarf des Quartiers von ca. 14 GWh soll bis zu 73 Prozent aus der Wärmequelle Abwasser mit Hilfe einer 2.970 Kilowatt Wärmepumpe gedeckt werden. Als sekundäre Energiequellen stehen weiterhin ein BHKW mit 200 kW elektrischer und eines mit 500 kW thermischer Leistung zur Verfügung. Die Bauarbeiten im Quartier haben bereits in 2018 mit Wohnungen und Gewerbeflächen begonnen. Die Umsetzung soll bis 2025 abgeschlossen sein (65).

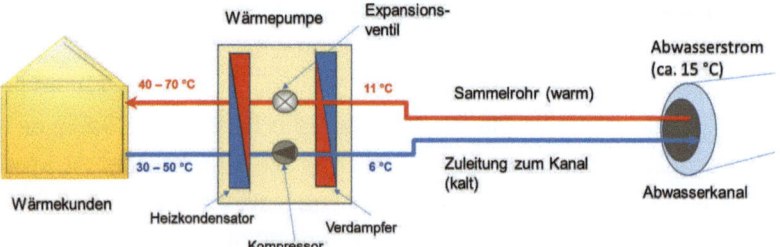

Abbildung 31: Vereinfachtes Schema der Abwasserwärmenutzung im Neckarpark in Stuttgart. Eigene Grafik auf Basis des Energiekonzeptes der Stadtwerke Stuttgart (ohne Brauchwasserversorgung).

9. Kommunale Konzepte mit Wertstoffen

9.1 Aus Abfällen Wertstoffe machen!

Idealerweise gibt es in einer nachhaltigen Gesellschaft keine Abfälle mehr, sondern alles wird wiederverwertet. Man nennt das Kreislaufwirtschaft. Viel beschrieben, leider bisher nur wenig umgesetzt. In vielen Gemeinden werden biogene Reststoffe mit der Bio- oder Grünen Tonne eingesammelt und zu Kompost verwertet. Bei der Kompostierung werden neben CO_2 weitere klimarelevante Gase wie Methan, Ammoniak und Lachgas frei. Diese Emissionen können bei einer Vergärung in einer Biogasanlage weitgehend vermieden werden und die Energie, die in den biogenen Reststoffen steckt, genutzt werden. Zum Beispiel könnten aus 1.000 Biotonnen mit einem Fassungsvermögen von 120 Litern ca. 16.500 Kilowattstunden Strom erzeugt werden. Das reicht für fünf Haushalte mit durchschnittlichem Stromverbrauch. Zurzeit werden nur rund 50 Prozent des bereits getrennt erfassten Bioabfalls in Biogasanlagen zu Biogas vergoren. Vier Millionen Tonnen Bioabfälle landen darüber hinaus im Restmüll und gehen so für die energetische Nutzung verloren (66). Auch dieses Potenzial muss gehoben werden und in die energetische Nutzung fließen. Der Bundesverband der Energie- und Wasserwirtschaft e. V. und der Deutsche Verein des Gas- und Wasserfaches e.V. schätzen das Energiepotenzial von biogenen Abfällen – darunter fallen vor allem die Biotonne, Speisereste, tierische Exkremente sowie Ernteste – auf 140 Terawattstunden (TWh) im Jahr. Rechnerisch könnten damit ein Viertel des deutschen Stromverbrauchs gedeckt werden. Das aus Bioabfällen und landwirtschaftlichen Reststoffen gewonnene Biogas könnte Steinkohle und Erdgas in der Stromproduktion ersetzen (67). Zusätzlich zur Stromerzeugung ließe sich die gleiche Menge an Wärme auskoppeln und über Wärmenetze zu potenziellen Wärmekunden bringen. Ein weiterer Mehrwert: Die Gärreste aus der Biogasproduktion sind begehrte Dünger in der Landwirtschaft, mit ihnen kann Mineraldünger im großen Maßstab eingespart werden. Dieses interessante energetische Potenzial aus Abfall- und Reststoffen wird oft in der Diskussion um die Energiewende vergessen und sollte von den Kommunen konsequent genutzt werden. Die nachfolgenden zwei Beispiele aus Kommunen zeigen, wie es geht.

Abbildung 32: Energie aus der Grünen Tonne (Foto: Karpenstein-Machan)

9.1.1 Bioabfallvergärung im Rhein-Hundsrück-Kreis und mehr....

Wie Landkreise ihre Wertstoffe nachhaltig und gewinnbringend nutzen können, zeigt ein Beispiel aus dem Rhein-Hundsrück-Kreis (RHK) in Rheinland-Pfalz. Seit Ende 2021 wird in der Biomassevergärungsanlage in Kirchberg der gesamte Bioabfall aus dem Rhein-Hunsrück-Kreis, der ca. 13.000 Tonnen pro Jahr beträgt, durch die

Rhein-Hundsrück-Entsorgung (RHE) verwertet. Die Anlage wurde passgenau für den anfallenden Bioabfall geplant. Das beim Vergärungsprozess anfallende Biogas wird mit Hilfe zweier Blockheizkraftwerksmotoren mit einer installierten Gesamtleistung von 1,1 MW verstromt und pro Jahr werden ca. 4,2 MWh Strom bedarfsgerecht erzeugt und über Direktvermarkter zu Spitzenzeiten des Energiebedarfs ins Stromnetz geleitet. Dies wird möglich durch einen Gasspeicher, der das Gas bis zu 24 Stunden speichern kann. Die Abwärme aus der Verstromung wird in den umliegenden Betriebs- und Deponiegebäuden der RHE genutzt, sowie über eine Abgas-ORC-Anlage nachverstromt. Pro Jahr vermeidet die Anlage laut Betreiberangaben ca. 2.795 Tonnen CO_2. Die Vergärungsanlage emittiert aufgrund einer zweifachen Gebäudeüberbauung kaum Emissionen. Die Luft im Inneren der Anlieferungshalle wird gefiltert und gereinigt, so dass Geruchsbelästigungen vermieden werden.

Das Gärprodukt steht den Landwirten der Region zudem als Flüssigdünger zur Verfügung. Der Maschinenring Hundsrück ist für die Ausbringung des Gärrestes im Landkreis zuständig. LKW bringen den Dünger bis zum Feldrand und der Lohnunternehmer sorgt, auf der Basis von vorher genommenen Bodenproben, für die bedarfs- und fachgerechte Ausbringung. Nur Landwirte im Landkreis haben Anspruch auf den Flüssigdünger, nach dem Motto: „Es werden diejenigen bedient, die die Tonne füllen" (68).

Aber auch holzige Abfälle werden vorbildlich verwertet. Auf mittlerweile 127 Sammelplätzen für Baum- und Strauchschnitt werden jährlich etwa 130.000 m³ Baum- und Strauchschnitt gesammelt, aufbereitet und in drei eigenen Heizzentralen als Brennstoff eingesetzt (60 Prozent der Biomasse) oder Kompost daraus hergestellt. Die erzeugte Wärme wird über ein Nahwärmenetz zu den Schulzentren Kirchberg, Simmern und Emmelshausen sowie zu zwei Seniorenheimen geleitet. Vierzehn weitere Biomasse-Nahwärmeverbunde sind im Kreis bereits im Betrieb und weitere Gemeinden befassen sich mit dem Ausbau von Nahwärmenetzen.

Die Stromerzeugung aus erneuerbaren Energien übersteigt den Strombedarf des Landkreises bereits um das Dreifache. 276 Windenergie-, 4.182 PV- und 18 Biomasse-Anlagen erzeugen knapp 1,4 Milliarden Kilowattstunden Strom pro Jahr.

Innerhalb von 20 Jahren hat der Kreis seine CO_2-Emissionen in den Sektoren Wärme, Strom und Abfall von fast 700.000 auf null Tonnen gesenkt (69).

Abbildung 33: Energieanlagen im Rhein-Hundsrück Kreis mit Abfallvergärungsanlage, PV-Anlage und Windpark (Foto: Rhein-Hundsrück, Abt. Entsorgung)

9.1.2 Heckenmanagement – Naturschutz und Rohstoffgewinnung

Der Landkreis Marburg-Biedenkopf arbeitet seit 2018 an einem Heckenkataster. Die Hecken sind einerseits für die Biodiversität wertvoll, andererseits kann die energetische Nutzung von Heckenschnitt ihre Erhaltung gegenfinanzieren. Hecken sind wichtige Strukturelemente in der Landschaft, sie vernetzen Biotope und bieten einer Vielzahl von Lebewesen Nahrung und Unterschlupf. Eine regelmäßige Pflege und das „auf den Stock setzen" ist wichtig, um ihre Funktion als Windschutz, Brutplatz für Vögel und Nahrungsquelle für viele Tierarten zu erhalten. Erfolgt dies nicht, drohen Hecken genetisch zu verarmen und zu Baumreihen auszuwachsen.

Mittlerweile haben sich die Städte Kirchhain, Neustadt und Stadtallendorf angeschlossen und arbeiten an einem interkommunalen gebietsübergreifenden Heckenmanagement (70). Die Pflege erfolgt durch einen abschnittsweisen Beschnitt der Hecken und in enger Abstimmung mit den Fachbehörden, Naturschützern, Landwirten und anderen Akteuren vor Ort. Die in den jeweiligen Gemarkungen geernteten holzigen Biomassen an Bachufern, Waldrändern oder Windschutzhecken zwischen Feldern werden sowohl als Barrieren zum Uferschutz verwendet, als auch thermisch verwertet. Das gehäckselte Material wird in dem nahegelegenen Heizwerk in Oberrosphe verbrannt und die Wärme im Nahwärmenetz des Ortes klimafreundlich zum Heizen des Dorfes verwendet.

So wie in Marburg-Biedenkopf sollen auch im Münsterland Hecken als Kulturlandschaftselemente wiederbelebt und durch ein intelligentes Heckenmanagement das Heckenholz in Wert gesetzt werden. Heckenbesitzer aus dem Münsterland, der Grafschaft Bentheim und der Region Achterhoek im Nachbarland Niederlande können ihre Hecken registrieren lassen (71). Mit Hilfe von Experten werden die Hecken zentral in einer Datenbank erfasst. Sie werden nach verschiedenen Aspekten bewertet, wie zum Beispiel Zustand, Erreichbarkeit, Ökologie, Naturschutz und schließlich für die weitere Pflege und Nutzung in wirtschaftlich interessante Einheiten zusammengefasst. Maschinenringe beernten die Hecken und vermarkten die Hackschnitzel. Mittelfristig soll auf diesem Wege ein Großteil der Hecken in der Projektregion in das System eingebunden werden und sich das derzeit noch geförderte Heckenmanagement finanziell selbst tragen.

Auf der Nutzerseite werden gezielt öffentliche Gebäude zu Nahwärmeverbünden zusammengeführt, Heizzentralen errichtet und als Brennstoff Baum- und Strauchschnitt verwendet. Unter diesen günstigen Voraussetzungen kann auch die Neuanpflanzung von Hecken wieder interessant sein, da eine kostenlose Pflege und wirtschaftliche Nutzung der Hecken in Aussicht gestellt werden kann.

Abbildung 34: Heckenmanagement für Naturschutz und Rohstoffgewinnung (Foto: Karpenstein-Machan)

10. Sektorenkopplung mit Wind, Sonne und Biomasse

In Deutschland wurden im Jahr 2021 5,8 Terawattstunden (TWh) Strom aus erneuerbaren Energien abgeregelt, das heißt, die Anlagen wurden abgestellt, um die Netzstabilität gewährleisten zu können (72). Onshore-Windanlagen werden am häufigsten abgeregelt (2,1 TWh). Dies ist ein enormes energetisches Potenzial, welches für die Energiewende verlorengeht. Anderseits werden große Mengen an erneuerbarem Strom benötigt und beim Weiterlaufen der Anlagen könnten sie einen erheblichen Beitrag zur Dekarbonisierung des Gebäude- und Verkehrssektors liefern. Allein der Wärmeverbrauch der privaten Haushalte für Heizung und Warmwasser betrug in 2021 670 TWh (73). Die nachfolgenden Praxis-Beispiele zeigen, wie bei Überangebot an erneuerbarem Strom und Überlastung der Stromnetze „grüner Strom" aus dem Netz herausgenommen, in andere Energieformen umgewandelt und sinnvoll im Wärmemarkt genutzt werden können.

Praxisbeispiele mit Biogas machen deutlich, dass Biogasanlagen in der Lage sind Schwankungen der unsteten Wind- und Solareinspeisung auszugleichen und so zur Stromnetzstabilität und Versorgungssicherheit beitragen können.

10.1 Nechlin – mit Wind zu Wärmeversorgung

Im Dorf Nechlin in der nördlichen Uckermark stehen die Windräder in Sichtweite der ca. 130 Einwohner. Seit 2019 können die Einwohner auch direkt von der Windenergie profitieren, denn aus „überschüssigem" Windstrom wird Wärme erzeugt, die zum Beheizen der Häuser genutzt wird. An besonders windigen Tagen kann der Strom des Windparks nicht vollständig vom Stromnetz abgenommen werden und die Anlagen müssten abgestellt, in der Fachsprache „abgeregelt" werden. Seit 2019 wird dieser kleine Teil von ca. 5 Prozent in

Wärme umgewandelt und in das bereits in 2013 im ganzen Dorf verlegte Nahwärmenetz eingespeist. Bisher wurde die Wärme für das Nahwärmenetz durch Holzhackschnitzel bereitgestellt. Technisch ist die Umwandlung von Strom in Wärme unkompliziert: Die Windenergieanlagen sind durch ein Mittelspannungskabel mit einem 2-Megawatt-Durchlauferhitzer verbunden, dort wird das Wasser durch Windstrom erwärmt und in den 1 Millionen Liter fassenden Wärmespeicher geleitet. Laut Angaben der Betreiber kann der Speicher an windreichen Tagen in wenigen Stunden aufgeladen werden. Je nach Wärmebedarf wird die gespeicherte Energie in das Nahwärmenetz abgegeben. Durch die hohe Wärmekapazität des Speichers von 720.000 Kilowattstunden, kann das Dorf damit bis zu 2 Wochen mit Wärme versorgt werden. Das passt gut mit der Häufigkeit von starken Winden zusammen, die laut Betreiber alle 1 bis 2 Wochen heftiger wehen. So kann das Dorf fast vollständig über den überschüssigen Strom mit Wärme versorgt werden. Als Reserve und Spitzenlast steht noch ein Holzhackschnitzelkessel zur Verfügung. Der Windwärmespeicher wird hauptsächlich im Winter betrieben, im Sommer wird das Nahwärmenetz über Solaranlagen im Dorf gespeist (74, 75).

Rechtlich wurde die Nutzung von abgeregeltem Strom durch die Änderung im Energiewirtschaftsgesetz (EnWG) möglich. Nach dem Prinzip „Nutzen statt Abregeln" können Windparkbetreiber mit Betreibern von Fernwärmenetzen sogenannte Redispatchverträge abschließen und überschüssigen Strom sinnvoll in den Wärmemarkt transferieren (76).

10.2 Bosbüll – mit Wind zu Wärme und Wasserstoff

Abbildung 35: Energieanlagen in Bosbüll, im Vordergrund der Elektrolyseur mit den einzelnen Komponenten Verdichter, Transformator, mobile Speicher (Foto: GP Joule)

Das kleine 250-Einwohner Dorf Bosbüll in Schleswig-Holstein, nahe an der Nordsee und der dänischen Grenze gelegen, hat durch sein zukunftsweisendes regionales Energiekonzept Berühmtheit erlangt. In der wind- und sonnenreichen Region wurden bereits vor mehr als 10 Jahren viele Wind- und Photovoltaik-Anlagen installiert, die nun nach und nach aus der EEG-Vergütung fallen. Um diesen noch immer funktionieren Anlagen eine wirtschaftliche Zukunft zu geben, haben Projekt- und Anlagenentwickler zusammen mit der Gemeinde ein Konzept entwickelt, welches die Sektoren Wind, Wärme und Mobilität verbindet. Sektorenkopplung ist das bekannte Stichwort, welches in kleinen Pilotanlagen erprobt, aber bisher nicht in großem Maßstab umgesetzt wurde. Sektorenkopplung ist für die energetische Transformation zur CO_2-Neutralität wichtig, um Strom, Wärme und Verkehr zu jedem Zeitpunkt mit ausreichend erneuerbarer Energie zu versorgen. Konkret wurden in Bosbüll zwei Bürgerwindanlagen, die nach 20 Jahren Laufzeit keine EEG-Vergütung mehr bekommen mit dem erprobten Power-to-Heat-Verfahren zur Wärmegewinnung genutzt. In Bosbüll werden drei Luft-Wärmepumpen mit dem grünen Strom aus der Windkraft angetrieben, die dann die Wärme für ein 2,7 Kilometer langes Wärmenetz mit aktuell 25 Haushalten erzeugen. Für die Spitzenlast sind ein 750 Kilowatt Elektroheizstab, der aus Windstrom Wärme erzeugt und ein Gaskessel installiert. Ein 84 Kubikmeter großer Wärmespeicher gleicht den unterschiedlichen zeitlichen Bedarf an Wärme der Wärmekunden aus (s. Abbildung 36). Der Anschluss weiterer Wärmekunden und Gewerbebetriebe an das Nahwärmenetz ist geplant.

Abbildung 36: Die Wärmezentrale und der Wärmespeicher in Bosbüll (Foto: GP Joule)

Eine weitere Säule des Projektes ist die Kraftstofferzeugung über das Power-to-Gas-Verfahren. Mit dem grünen Strom aus Windkraft wird mit Hilfe von Elektrolyseuren Wasser (H_2O) in Wasserstoff und Sauerstoff zerlegt. Bei der Aufspaltung des Wassers entsteht neben dem Wasserstoff auch Wärme. Diese wird in das Nahwärmenetz eingespeist. Der produzierte Wasserstoff wird zu zwei Wasserstofftankstellen in der Region transportiert und dort auf zum Tanken geeignete Drücke verdichtet (s. Abbildung 37). Durch die Nutzung von Wärme und Wasserstoff wird eine hohe Flexibilität und Effizienz erreicht. Derzeit werden mit dem Kraftstoff zwei speziell dafür vorgesehene Brennstoffzellen-Busse des öffentlichen Personennahverkehrs sowie 30 Brennstoffzellen-PKW betankt, die Kapazität soll auf 100 Fahrzeuge erhöht werden. In Deutschland gibt es ca. 100 Wasserstofftankstellen. Im Gegensatz zu Elektroautos, die mit Strom betrieben werden, wird im Wasserstoffauto der Strom für den Betrieb des Motors selbst in der Brennstoffzelle mit Wasserstoff produziert.

Über ein gemeinsames Leit- und Kommunikationssystem mit Datenaustausch und Überwachung sind die Windenergieanlagen und die Wasserstoffproduktion miteinander vernetzt und können so die Produktion und Verteilung der Energie optimal, je nach den vorliegenden Erfordernissen, steuern (77).

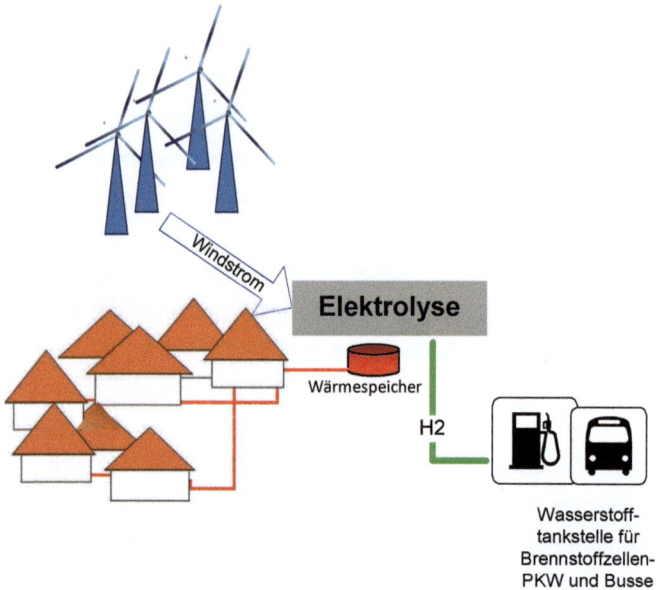

Abbildung 37: Sektorenkopplung in Bosbüll, vereinfachte eigene Grafik

10.3 Saerbeck – mit Biogas zu stabilen Stromnetzen

Saerbeck mit knapp 7.200 Einwohnern bezeichnet sich nicht nur als „Charmantes Dorf im Münsterland" sondern auch als Klimakommune – und das zu recht. Bereits in 2011 entstand auf dem Gelände eines ehemaligen Munitionsdepots der Bundeswehr ein Nutzungsmix aus regenerativen Energieanlagen: Windenergie, Photovoltaik und Biogas. Der Bioenergiepark mit einer Größe von 90 Hektar Fläche ist ein wichtiger Baustein zur Zielerreichung, denn die Energieversorgung der Gemeinde soll bis 2030 aus eigenen regenerativen Ressourcen gedeckt werden.

Überwiegend lokale Investoren investierten 70 Millionen Euro in den Park. Im Jahr 2012 wurde eine 6,4 Megawatt Photovoltaikanlage auf den ehemaligen Bunkern installiert und im Jahr 2013 sieben Windenergieanlagen mit je 3 Megawatt Leistung gebaut. Die Windenergieanlagen mit einer Höhe von knapp 200 Metern dominieren den Bioenergiepark und liefern den meisten Strom. Inzwischen wird im Park Strom für ca. 18.000 Haushalte erzeugt, also mehr als doppelt so viel wie die Gemeinde benötigt. Im Energiepark wird im regionalen Kontext gezeigt, wie Biogas Wind- und Sonnenenergie ergänzen kann. Die Biogasanlage, die 2011 als erste Anlage auf dem Gelände gebaut wurde, wird flexibel betrieben, das bedeutet die 4 Blockheizkraftwerke (BHKW) mit je 1 Megawatt Leistung werden nur dann betrieben, wenn Wind und Sonne nicht genügend Energie liefern, um den Bedarf zu decken. So laufen die BHKWs täglich nur einige Stunden, bei entsprechend hoher Stromnachfrage und werden teilweise oder ganz abgeschaltet, wenn die Stromnachfrage abnimmt (in der Nacht und am Wochenende) oder wenn Wind- und Sonnenenergie wieder liefern.

Mit der flexiblen Fahrweise der BHKWs der Biogasanlage wird das Stromnetz stabilisiert und die Stromlücke, die Photovoltaik bei einer Wolkendecke und Windenergieanlagen bei Flaute nicht decken können, durch Biogas ausgefüllt. Durch eine zielgerichtete Fütterung der Biogasanlage und einer Zwischenspeicherung des Biogases, wird diese flexible Fahrweise der Anlage möglich.

Die Biogasgemeinschaftsanlage, an der siebzehn örtliche Landwirte, der Maschinenring und eine Biogasanlagenfirma beteiligt sind, wurde 2023 vom Fachverband Biogas ausgezeichnet. Wichtige Kriterien für die Auszeichnung waren laut Fachverband ein technisches und nachhaltiges Anlagenkonzept, das als Vorbild für neue Anlagen dienen soll. Als Energiepflanzen werden neben Mais und Gras auch Wildpflanzenmischungen angebaut, die zusammen mit Stallmist und Gülle vergoren werden. Die Wildpflanzen auf dem Acker schaffen Lebensraum und Nahrungsangebot für verschiedene Tier- und Insektenarten, wodurch die Artenvielfalt an Fauna und Flora auf den Feldern steigt (78). Die Saergas GmbH produziert jährlich ca. 8,7 Millionen Kilowattstunden Strom und Wärme. Der Strom wird über einen Direktvermarkter bedarfsgerecht ins Netz eingespeist. Mit einem Teil der Wärme wird ein benachbartes Gewerbegebiet über eine 3,5 Kilometer lange Leitung versorgt. Unter den Wärmeabnehmern ist auch eine neue Fertigungsstätte eines Elektrolyseur-Herstellers. Ein anderer Teil der Wärme wird für die Trocknung des Gärrestes und Aufbereitung zu Dünger für Landwirtschaft und Gartenbau verwendet (79).

10.4 Haffhus Hotel – wirklich energieautark

Die Hotel- und Ferienanlage Haffhus in Ueckermünde am Stettiner Haff ist seit 2018 vollständig vom öffentlichen Stromnetz abgekoppelt und das „mit mehr Sicherheit als vorher", so die Besitzer des Hotels. Das exklusive Hotel mit Spa hat einen hohen Energiebedarf an Strom, Wärme und Kälte. Um die Autarkie zu realisieren wurden 2 Holzvergaser-BHKWs mit je 20 Kilowatt elektrisch, eine Wärmepumpe mit 150 Kilowatt thermisch, eine PV-Anlage mit 150 Kilowatt Leistung, ein Stromspeicher von einer Megawattstunde und zwei Wärmespeicher von insgesamt 35 Kubikmetern sowie ein Kältespeicher angeschafft. Zusammen mit der Hardware für die entsprechende Automatisierung und das Monitoring des gesamten Energiebedarfs haben die Inhaber ca. 5 Millionen Euro investiert. Um einen evtl. Stromausfall zu vermeiden, laufen die Energieanlagen und Speicher vollautomatisch und mit vollständiger digitalisierter Überwachung. Jederzeit kann ihre Leistung abgerufen werden. Die Motivation für das Projekt entstand aus der Unzufriedenheit der Hotelbetreiber, dass für den eigenerzeugten und genutzten Strom die EEG-Umlage zu zahlen ist, wenn man mit dem Stromnetz verbunden ist.

Gegen alle Berechnungen und Voraussagen von Experten, dass sich ein Hotelbetrieb losgekoppelt vom Netz wirtschaftlich nicht rechnet, realisierten die Betreiber mit Experten mit „Tüftlererfahrungen" ihr Projekt der unabhängigen Energieversorgung.

Der Stromspeicher ist das Herzstück des Energiekonzeptes. Er versorgt das 50-Hertz-Netz für die Hotelanlage. Eine Megawattstunde entspricht in etwa der Strommenge, die für einen Tag mit hoher Hotelbelegung benötigt wird. Zwei Wechselrichter mit jeweils 100 Kilowatt Leistung und ein weiteres redundantes Wechselrichterpaar sorgen für eine hohe Zuverlässigkeit. „Während es im Stromnetz des Energieversorgers in Ueckermünde im Jahr 2019 einen fast 10 stündigen Stromausfall gab, waren es im Hotelbetrieb nur 9 Minuten, der allerdings Software- Update bedingt und somit gewollt war", so der Nachhaltigkeitsbeauftragte des Hotels.

Für die Wärmeleistung im Sommer sorgt vor allem die Wärmepumpe, im Winter werden zunächst die BHKWs und bei Bedarf die Hackschnitzelheizung zugeschaltet. Die PV-Anlage liefert im Sommer hauptsächlich die notwendige Energie, ergänzt an trüben Tagen entweder durch die Gas-BHKWs und bei längeren Zeiten ohne Sonne durch das Hackschnitzel-BHKW. Stromüberschüsse nehmen die Wärmepumpe, aber auch die Elektrofahrzeuge der Mitarbeiter auf. Wärmeüberschüsse werden ausschließlich an den Außenpool abgegeben, der dadurch eine Temperatur von bis zu 30 Grad erreichen kann. Die Holzkraftvergaser werden mit regionalen, hochwertigen Holzhackschnitzeln aus dem Schweriner Raum gespeist. Zunächst wollten die Betreiber die gewonnene Pflanzenkohle aus der Vergasung zur Energiegewinnung einsetzen, was jedoch technische Probleme mit sich brachte. Eine glückliche Fügung ergab sich durch die Zusammenarbeit mit der Firma Green Carbon, die im Schweriner Raum ihren Firmensitz hat. So wird die Anlieferung mit Holzhackschnitzeln auf dem Rückweg mit dem Transport von Pflanzenkohle in Big Packs zu Green Carbon verbunden, die die Kohle vermarkten.

Auch alle Mitarbeiter des Hotels ziehen mit, vom den Hausmeistern bis zum Servicepersonal sind alle in das Energieprojekt einbezogen und jederzeit über den Status quo der „Energie des Hauses" informiert. So können sie ihre Arbeiten energietechnisch sinnvoll gestalten: Bei Stromüberschuss z.B. waschen und mangeln vorziehen oder in der Küche den Kältespeicher einsetzen. Bei Energiemangel können die Hausmeister reagieren, bevor die Zimmer kalt

Energiewende

werden und die Gäste dies melden. „Die beiden Hausmeister empfinden das Energiemanagement nicht als Last, sondern als Segen, sie machen das mit Überzeugung und neben ihren eigentlichen Aufgaben im Hotel", sagt der Nachhaltigkeitsbeauftragte. Im Internet kann sich jeder Interessierte über den Energiestatus des Hotels informieren (80, 81).

11. Energiewende durch Digitalisierung erst möglich?

Abbildung 38: Digitalisierung – Foto: Pixabay

Die Digitalisierung sei ein zentraler Schlüssel zur Umsetzung der Energiewende, dies wird wiederholt von Politikern und Energieexperten angeführt. Unter Digitalisierung versteht man nichts anderes als eine Datensammlung in digitaler Form, die sich informationstechnisch verarbeiten lässt.

Das vorangegangene Beispiel „Haffhus" zeigt im Kleinen, wie wichtig die Automatisierung und Vernetzung der Energieträger und Speicher und die ständige digitale Überwachung aller Energieströme für einen störungsfreien Betrieb sind.

Was im Kleinen funktioniert, muss auch im größeren Maßstab – auf Kreis-, Regions- oder Landesebene funktionieren. In der Studie „Vollversorgung" (Kap. 4.2) wird Deutschland in 38 Planungsregionen aufgeteilt, Wind- und Solarenergie, Umwandlungs- und Speicherkapazitäten an günstigen Standorten, verbrauchernah platziert, um dann durch Sektorenkopplung den Strom-, Wärme- und

Mobilitätsbedarf optimal zu steuern. Für die bislang weitgehend unabhängig agierenden Sektoren Strom, Wärme und Mobilität ist eine Kopplung und Steuerung der Prozesse durch eine Digitalisierung notwendig. In den Praxisbeispielen im Kapitel Sektorenkopplung wird die Steuerung der Energieanlagen bereits auf Dorf- (Nechlin, Bosbüll) – oder Stadtebene (Saerbeck) praktiziert. Es erfolgt eine standardisierte Datenerfassung auf Erzeuger- und Verbraucherseite, auch Wetterdaten und Wetterprognosen werden einbezogen.

Besonders bei flexibel betriebenen Biogasanlagen, die Energie liefern sollen, wenn Wind- und Sonnenenergie in der Erzeugung Lücken aufweisen, ist Informations- und Kommunikationstechnik wichtig. Anlagenbetreiber müssen interne Daten wie Speicherkapazitäten, steuerbare Lasten und aktuelle Prozessparameter wie Gasspeicherfüllstand und Fütterungsmanagement dem Vermarkter zur Verfügung stellen, damit eine übergeordnete bedarfsgerechte Steuerung der Stromeinspeisung und die Netzstabilität gesichert sind.

Sektorenkopplung in großem Maßstab wird auch im Forschungsprojekt „Regionalisierung der Energieversorgung auf Verteilnetzebene am Modellstandort Kirchheimbolanden in Reinland-Pfalz (RegEnKibo)" erprobt (82). Die bisher zentrale Energieversorgung soll durch eine dezentrale Einspeisung von erneuerbaren Energien in die Stromnetze abgelöst und auf die Verteilnetzebene verlagert werden. Lokal erzeugter Strom soll ebenfalls lokal genutzt werden, was durch Speicher vor Ort unterstützt wird. Das Forschungsprojekt untersucht, wie eine Regionalisierung der Energieversorgung auf Verteilnetzebene erreicht werden kann, um den Austausch von elektrischer Energie zwischen Übertragungs- und Verteilnetz möglichst gering zu halten und damit den erforderlichen Netzausbau zu reduzieren.

In Anlehnung an das „virtuelle Kraftwerk" werden Sektoren zu Energiezellen zusammengefasst und Daten sowohl erhoben wie auch durch Experimente erzeugt, um die dezentrale Nutzung der erneuerbaren Energien zu optimieren. Die ersten Ergebnisse zeigen,

Energiewende durch Digitalisierung erst möglich?

dass die Sektorenkopplung durch den Verbund mehrerer Zellen verstärkt und die Versorgungssicherheit verbessert wird. In einem weiteren Schritt sollen auch Wärmenetze in die Energiezellen integriert werden.

Mit der Digitalisierung des Energienetzes und der umfassenden Datensammlung sind jedoch auch Risiken in Bezug auf die Datensicherheit verbunden. Zur Erhöhung der Sicherheit fordert der Forschungsverbund Erneuerbare Energien (FVEE) ein unabhängiges Informations- und Datennetz für die Energieversorgung, um Cyber-Angriffe besser abwehren zu können. Außerdem arbeiten die FVEE-Einrichtungen daran, dezentrale Energiesysteme im Verteilnetz auch dann stabil betreiben zu können, wenn die digitale Kommunikation zeitweise ausfallen sollte (83).

12. Wie gehen wir es an? Energie in Bürgerhand

12.1 Bürgerkraftwerke

Mit der Gründung von Bürgerkraftwerken nehmen die Bürger und Bürgerinnen die Energiewende in ihrer Region selbst in die Hand. Jeder kann mitmachen und die Mindest-Mitgliedsbeiträge oder Einlagen in die Gesellschaft sind gering. Das Ziel der Bürgerkraftwerke ist es, den Strom dort zu produzieren wo er gebraucht wird. Viele sind genossenschaftlich organisiert (eG), es gibt jedoch auch eingetragene Vereine (e.V.) oder Gesellschaften bürgerlichen Rechts (GbR). Sie verwenden die Mitgliedsbeiträge und Erträge aus dem Stromverkauf für die Installation von PV-Anlagen auf kommunalen Dächern, Solarparks oder den Kauf von Anteilen an Windparks.

Gemeinwohlorientierte Akteure der Energiewende setzen sich dafür ein, die Energie für alle in die Stadt oder das Dorf zu bringen. Die BürgerEnergie Berlin (BEB) zum Beispiel errichtet Photovoltaik-Anlagen auf Eigenheimen und Mietshäusern. Durch Mieterstromprojekte soll die vor Ort produzierte Energie allen Bewohnern und Bewohnerinnen zur Verfügung gestellt werden, damit sie in den Genuss des selbst erzeugten Ökostroms kommen. In wechselseitiger Unterstützung organisieren sie auch einen gemeinschaftlichen Selbstbau von PV-Anlagen auf Eigenheimen. „Ein Wochenende Zeit, ein wenig handwerkliche Begabung, eine professionelle Bauleitung und eine Handvoll motivierte Selbstbauer*innen – das sind die wichtigsten Zutaten, um die eigene Solaranlage im Selbstbau zu realisieren", so die BEB-Akteure (84).

Die BürgerKraftwerke Hermaringen eG in Ostwürttemberg wurde 2013 gegründet und hat in PV-Anlagen auf kommunalen Dächern und einen Solarpark investiert, des Weiteren Anteile an einem „Bürgerwindrad für Gemeinwesen und Gesundheit" erworben. Der

Ertrag dieses Windrads kommt der Klinik für integrative Medizin am Klinikum Heidenheim zugute (85).

Bürger und Bürgerinnen in Ainring im Berchtesgadener Land haben ein Bürger-Sonnen-Kraftwerk gegründet. Sie konzentrieren sich auf die Investition in PV-Anlagen.

Aber auch überregional wirkende, von Bürgern initiierte Kraftwerke, wie die Solverde Bürgerkraftwerke sind aktiv. In Lüptitz bei Leipzig hat die Energiegenossenschaft das Repowering (Ersatz und Weiterbetrieb) der alten Agro-Photovoltaikanlage übernommen.

Auf der neuen Anlage sind leistungsstärkere bifaziale Module installiert (s. Kapitel 7.2.3 und Abb.39) (86).

Abbildung 39: Beidseitig photoaktive Solarmodule auf Grünland (Foto: Fa. Next2Sun)

Deutschlandweit agieren die „Bürgerwerke". Sie sind ein Zusammenschluss von mehr als 50.000 Menschen und 113 lokalen Energiegemeinschaften aus ganz Deutschland. Sie versorgen bundesweit Menschen mit erneuerbarem Strom aus Solar-, Wind- und Wasserkraft sowie nachhaltigem Biogas. Ihre Vision:

Alle Bürger sollen sich mit gemeinschaftlich erzeugtem Ökostrom selbst versorgen. Dadurch können die Energiegenossenschaften zukünftig neue Anlagen unabhängiger von den politischen Rahmenbedingungen bauen. Als Teilhaber ihres eigenen Energieversorgers bestimmen die Energiebürger selbst über Herkunft und Kosten ihrer Energie. Ihr Motto: „Wir machen Klimaschutz von unten" (87).

12.2 Energiegenossenschaften

Die Bundesgeschäftsstelle Energiegenossenschaften beim Deutschen Genossenschafts- und Raiffeisenverband (DGRV) zählt 835 Energiegenossenschaften in Deutschland (88). Der Übergang von Bürgerkraftwerken zu Energiegenossenschaften ist fließend und reicht von regionalen Einzelaktivitäten bis zu überregionalem Engagement und dem Zusammenschluss mehrerer regionaler Initiativen. Auch Energiegenossenschaften, die wie Stadtwerke aufgestellt sind und über den Bereich Energie hinaus weitere Geschäftsfelder besetzen, sind präsent. Gemeinsames Ziel aller ist, durch Engagement der Bürger und Bürgerinnen die Energiewende zu beschleunigen und gleichzeitig soziale Aspekte, wie zum Beispiel Mieterstrommodelle oder sozialen Wohnungsbau mit eigener Energieversorgung auf dem Dach zu ermöglichen. Da die natürlichen Energien wie Sonne und Wind für alle Menschen da sind, wollen sie ihre Mitglieder unabhängig von Energiekonzernen mit eigen erzeugtem Strom versorgen. Viele Energiegenossenschaften haben die Stromproduktion aus Photovoltaik im Fokus, so wie die Energiegenossenschaft Leipzig (EGL eG), die sich dafür einsetzt, dass viele Bürger vor Ort über ihre Energieerzeugung selbst mitentscheiden, am Energiesystem partizipieren können und die Wertschöpfung an der Stromerzeugung vor Ort verbleibt. „Wir glauben, dass eine hohe Lebensqualität für alle Menschen sowie der Erhalt unserer natürlichen Umwelt, nur durch gemeinschaftliches Wirtschaften möglich sind" so die

Überzeugung der 230 Mitglieder der 2013 gegründeten Genossenschaft. Einige PV- Projekte wurden bereits in Leipzig realisiert, u.a. auch eine Anlage auf dem Hupfeld Center, in einer Gemeinschaftsunterkunft in der Arno-Nitzsche-Straße (s.Abbildung 40) und ein Mieterstromprojekt am Lindenauer Hafen. So erzeugt die Genossenschaft ca. 180 Megawatt Strom pro Jahr und spart damit 120 Tonnen CO_2 pro Jahr ein. Aber Stolpersteine gibt es auch genug für die Akteure. André Wüste Vorstand der EGL sieht diese eher auf der Bundes- als auf regionaler Ebene: „Ab einer bestimmten Leistung müssen Solarprojekte von der Bundesnetzagentur ausgeschrieben werden, die ganz großen Anlagen kann die EGL deshalb nicht in Eigenregie errichten". Bei Ausschreibungen müssen die Bieter in finanzielle Vorleistungen treten, was für die Genossenschaften ein großes Risiko darstellt, denn wenn sie keinen Zuschlag bekommen, ist das Geld verloren. Ein großer Konzern kann das verschmerzen, eine Bürgergenossenschaft nicht.

Ein weiteres Hindernis sei zudem, dass Besitzer von geeigneten Immobilien oft in Berlin oder Hamburg ansässig und dadurch schwer für Bürgersolarprojekte erreichbar sind.

Im Jahr 2016 schloss sich die EGL der Dachgenossenschaft Bürgerwerke eG an, um den Leipziger Bürgerstrom gemeinsam zu vermarkten. In der Dachgenossenschaft sind derzeit 110 Energiegenossenschaften aus ganz Deutschland zusammengeschlossen. Sie wird von 50.000 Bürgern getragen.

Die Mitglieder der EGL arbeiten in verschiedenen Arbeitsgruppen zusammen, neben der Projektentwicklung stehen auch Öffentlichkeitsarbeit, Bildungsprojekte und Veranstaltungen auf dem Programm (89).

Abbildung 40: PV-Projekt der Energiegenossenschaft Leipzig (Foto: EGL)

Es gibt auch Energiegenossenschaften die gemeinschaftlich Wärme als Heiz- und Brauchwasserenergie aus der Vergärung von nachwachsenden Rohstoffen in Biogasanlagen erzeugen und über Nahwärmenetze an die Bürger und Bürgerinnen verteilen. Die fast 200 Bioenergiedörfer sind ein Beispiel dafür (s. Kap. 8.1). Darüber hinaus existieren Wärmegenossenschaften die Nahwärmenetze betreiben, die als Brennstoff Holzhackschnitzel aus Reststoffen einer nachhaltigen Waldwirtschaft nutzen. Eine Besonderheit ist die Bürgerenergie-Bohlsen eG im Landkreis Uelzen, die in Kooperation mit der örtlichen Mühle Dinkelspelzen in Form von Pellets als Brennstoff nutzen (90, 91).

12.3 Stadt- und Gemeindewerke

Durch die Liberalisierung des Strommarktes und eine Gesetzesänderung in den 1990er Jahren müssen die Stromnetze alle 20 Jahre neu ausgeschrieben werden. In diesem Zuge wurden viele Stadtwerke und Stromnetze, die vorher in kommunaler Hand waren, oft aufgrund einer angespannten Haushaltssituation, verkauft. Diese Gesetzesänderung haben viele Städte und Gemeinden nach Ablauf der Verträge aber zur Rekommunalisierung genutzt, um die Kontrolle über ihre Strom- und Wärmenetze zurückzugewinnen. In Deutschland gibt es über 1.000 Stadt- und Gemeindewerke, die Strom und Gas verkaufen. Die Motivation Vieler ist es, mit der Rekommunalisierung die Energiewende voranzubringen.

Viele bieten den Kunden Tarife mit Ökostrom an, aus regionalen Quellen mit Herkunftsnachweis oder auch über gekaufte Zertifikate, also Strom, der zum Beispiel in anderen Ländern aus erneuerbaren Energien produziert wurde. Nur wenige verkaufen Strom und Gas aus 100 Prozent erneuerbaren Energien. Dass es auch anders geht, zeigt das Beispiel aus dem Schwarzwald in Kapitel 12.4.

Für eine nachhaltige Bürgerenergiewende wirbt auch der Niederbayer Andreas Engl. Er ist der Initiator der Regionalwerke in Bayern. Sein Motto: Durch den Zusammenschluss von Gemeindewerken auf Landkreisebene, könnten diese kraftvoller agieren und die Region nachhaltig entwickeln. Im Gegensatz zu Konzernen, bei denen die Gewinnmaximierung im Vordergrund steht, kann ein Kommunalunternehmen mit eigenerzeugter Energie die Bevölkerung zu günstigen Konditionen mit Strom und Wärme versorgen und die moderaten Gewinne zum Gemeinwohl, wie zum Beispiel sozialem Wohnungsbau, Kindergärten und Kultur einsetzen, so Engl. Die Energiewende sollte von Bürgern und nicht von Investoren und Konzernen gemacht werden. Damit die Wertschöpfung in der Region bleibt, sollten die Gemeinden sich für Windkraft und PV infrage kommende Flächen rechtzeitig sichern, bevor die großen Player kommen und die Energiewende nach ihren Prämissen gestalten (92).

12.4 EWS – von der Bürgerinitiative zum Stromversorger

Nach der Reaktorkatastrophe von Tschernobyl wurde in dem 2.500 Einwohner Städtchen Schönau im Schwarzwald eine Bürgerinitiative gegründet, um Themen wie Stromsparen und umweltfreundliche Stromproduktion gemeinsam anzugehen. Als der damalige Energieversorger keine Kooperationsbereitschaft zeigte und außerdem vorzeitig die Konzessionsverträge in der Stadt verlängern wollte, war der Kampfgeist der Bürgerinnen und Bürger um Ursula und Michael Sladek geweckt. Es wurde ein Bürgerentscheid initiiert und unter viel persönlichem Einsatz der Aktivisten gewonnen. Dadurch hatten sie 4 Jahre Zeit gewonnen, um sich zu sortieren und auf den nächsten Bürgerentscheid vorzubereiten. Dieses Mal ging es um nichts Geringeres als den Kauf des Stromnetzes für die Stadt Schönau. Der Energieversorger hatte eine astronomische Summe von 8,7 Mio. Euro aufgerufen, die es einzuspielen galt. Den Schönauern gelang beides, sie gewannen den zweiten Bürgerentscheid und waren auch in der Lage die Summe bereit zu stellen. Schon lange war es kein lokales Vorhaben mehr, ganz Deutschland war dabei. Durch die Unterstützung einer Werbeagentur und mit dem Slogan „Ich bin ein Störfall" waren alle Umweltaktivisten Deutschlands und darüber hinaus in diese kleine Revolution eingebunden: Am 01. Juli 1997 übernahmen die Schönauer ihr Stromnetz – also noch vor der Liberalisierung des deutschen Strommarktes und der Einführung des EEG. Seitdem ist mit den Elektrizitätswerken Schönau (EWS) ein partizipativ organisiertes Unternehmen entstanden und gewachsen, welches heute in ganz Deutschland umweltfreundlich produzierten Strom zu 100 Prozent aus erneuerbaren Energien mit Herkunftsnachweis anbietet und tausende Kunden versorgt. So machen die „Schönauer Stromrebellen" vor, wie die dezentrale Energiewende samt Übernahme der Stromnetze in kommunale Hände gestaltet werden kann (93, 94).

12.5 Bürger als bewusste Energiesparer und Energieerzeuger

„Den Strom, den wir nicht verbrauchen, brauchen wir nicht zu produzieren". Diesen Spruch kennt mittlerweile jede und jeder. Auf dem

Energiewende

Weg zur Klimaneutralität geht es nicht nur darum alle fossilatomaren Energien durch Erneuerbare zu ersetzen. Um unseren Planeten mit dem Energiehunger, besonders in den Industriestaaten nicht noch weiter zu schädigen und ärmeren Staaten weitere Entwicklung zu ermöglichen, muss erneuerbare Energie sinnvoll und sparsam eingesetzt werden. Das gilt nicht nur für Strom, Wärme/Kälte und Kraftstoffe, sondern für alle Dinge des täglichen Lebens, wie zum Beispiel Nahrungsmittel, Textilien, Baustoffe, Elektronikgeräte. Diese werden energieaufwendig und mit vielen endlichen Materialien hergestellt und sollten so lange wie möglich genutzt und am „Lebensende" recycelt werden. Mit der vollendenden Energiewende sollte auch der Energieverbrauch nur noch 50 Prozent des heutigen Standes betragen (s. auch Kapitel 4). Dieses hohe Sparpotenzial ist möglich, da durch Sektoren- und Kraft-Wärmekopplung die bisherige große Verschwendung von Energie im fossil-atomaren Energiesystem, zum Beispiel die Ableitung von Wärme in Flüsse bei der Stromerzeugung, vermieden werden. Energiesparen bedeutet daher auch nicht Verzicht oder große Einschränkungen im Lebensstandard der Bürger. Es geht um den bewussten Umgang mit Energie und um Verhaltensänderungen im Verbrauch, zu der jeder Bürger und jede Bürgerin beitragen kann. Ein Beispiel ist in Kapitel 10.4 genannt. In dem autarken Haffhus-Hotel werden die Energieverbraucher wie Wasch- und Spülmaschinen, Bügelgeräte usw. dann vom Personal anstellt, wenn viel eigene Energie durch die PV-Anlage zur Verfügung steht. Eigenheimbesitzer mit PV- Anlagen, können durch bewussten Umgang mit Energie, z.B. die „Waschmaschine läuft, wenn die Sonne scheint", ihren Eigenstromanteil erhöhen, insbesondere wenn sie einen Stromspeicher besitzen. Smart Meter helfen dabei, den regenerativen Strom intelligent zu nutzen und den eigenen Stromverbrauch gezielt zu reduzieren. Mit Solarthermie auf dem Dach kann im Sommer die Heizung ausgestellt werden und warmes Wasser zum Duschen kommt direkt von der Sonne in Haus.

Auch Mieter können eigenen Strom durch sogenannte Balkonkraftwerke nutzen. Das sind PV-Module, die über einen Schutzkontaktstecker für die Steckdose und einen integrierten Wechselrichter verfügen. Die kleinen Kraftwerke werden, nach Rücksprache mit dem Vermieter, auf einem Balkon, einer Terrasse oder einer Fassade installiert. So können auch die vielen Millionen Mieter in Deutschland die Energiewende beschleunigen und von ihr profitieren.

Die BürgerEnergie Berlin (BEB) zum Beispiel organisiert Mieterstromprojekte auf den Dächern von großen Mietshäusern, damit die vor Ort produzierte Energie vielen Bewohnern und Bewohnerinnen zuteilwird (s. Kap.12.1).

13. Was führt zum Erfolg?

Kommunale Konzepte mit erneuerbaren Energien lassen sich nach den Erfahrungen der Autorin und ihrer Kollegen nur umsetzen, wenn eine Reihe sozialer Bedingungen in den Kommunen gegeben sind: Die lokalen und kommunalen Entscheidungsträger (Bürgermeister/Gemeindevertreter) stehen hinter dem Anliegen. Es gibt eine „Pressure group", also eine Gruppe von Bürgerinnen und Bürgern in der Kommune, welche das Anliegen unterstützt, befürwortet und auch dafür sorgt es voranzubringen. Die Personen, welche das Vorhaben befürworten, genießen Ansehen und Vertrauen in der Bevölkerung. In den Dörfern und Gemeinden sollte eine gute Gemeinschaft vorherrschen und diese nicht durch schwerwiegende Konflikte beeinträchtigt sein. Wurden bereits gemeinschaftliche Vorhaben in der Kommune umgesetzt, ist das ein Zeichen für eine fruchtbare Zusammenarbeit. Sind diese Bedingungen gegeben und kommt es zu ersten Planungsaktivitäten, haben Transparenz aller Überlegungen und Offenlegung der Motivationen aller am Projekt beteiligten Interessengruppen oberste Priorität. Wie dies im Detail sichergestellt werden kann (z.B. durch Bürgerversammlungen, in denen alle Weichenstellungen im Prozess beraten und beschlossen werden), ist im Leitfaden „Wege zum Bioenergiedorf" (Ruppert et al., 2008 (95) im Detail beschrieben. Verständnisvoll und argumentierend sollten die Projektverantwortlichen mit Personen umgehen, welche Kritik an dem Projekt vorbringen. Sicherzustellen ist weiterhin, dass die strategisch wichtigen Entscheidungen, z.B. welche Partner man ins Projekt holt oder welche Gesellschaftsform die Betreibergesellschaft annehmen soll, gemeinschaftlich abgestimmt werden, damit sich niemand von den Aktiven am Prozess beteiligten „übergangen" fühlt. Hier haben sich Arbeitsgruppen als hilfreich erwiesen, in denen Interessierte aktiv mitarbeiten können, insbesondere eine Gruppe für Öffentlichkeitsarbeit ist wichtig, um über den laufenden Prozess in der Gemeinde zu informieren. Für die Motivierung der Bevölkerung sind des

Weiteren öffentliche Veranstaltungen und die Einbeziehung der lokalen Medien (Presse, Rundfunk) sowie Besuchsfahrten zu gelungenen, vergleichbaren Projekten von großer Bedeutung. Ein weiterer Erfolgsfaktor liegt in der „Parteineutralität". Wenn das Vorhaben von Menschen möglichst aller politischen Gruppierungen gewollt wird, ist eine große Umsetzungschance gegeben. Zum anderen kann die Organisation und Moderation der sozialen Prozesse in der Kommune erheblich erleichtert werden, wenn diese in die Hände von Experten gelegt wird. Beispiele zeigen, dass zwar technisch kompetente Personen, die ohne Unterstützung durch erfahrene Moderatoren agieren, scheitern, wenn sie z. B. die Menschen zu früh mit technischen Details überfrachten und nicht in der Lage sind die Bevölkerung mitnehmen. Eine neutrale Moderation, eine klare Sprache um Sachverhalte zu verdeutlichen und auf den Punkt zu bringen, sowie Bedenken von Bürgern ernst zu nehmen, kann entscheidend für den Erfolg eines Projektes sein. Auch mit den Chancen und Risiken, die das Projekt mit sich bringen kann, sollte ehrlich umgegangen werden.

Die strategischen Gespräche, nach welchen Geschäftsmodellen das Projekt verwirklicht werden könnte, sollten von neutralen, nicht finanziell involvierten Partnern moderiert werden, um hier die Vertrauensbasis herzustellen bzw. zu erhalten.

Für Energieprojekte, gleich welcher Art, ist die Findung eines geeigneten Standortes ein wichtiger Faktor. Akteure sollten nicht auf einem Standort beharren, sondern stets eine Alternative bereithalten, um Einwenden zu begegnen. Gelingt es nicht einen konsensfähigen Standort zu finden, sollte erwogen werden das Vorhaben zu beenden, um eine evtl. Spaltung der Kommune in Gegner und Befürworter zu vermeiden. Mit diesem Vorgehen wird auch die Aussicht auf spätere gemeinsame Projekte nicht beeinträchtigt. Die Standortfrage sollte deshalb relativ früh im Prozess abgewogen werden.

Um möglichst vielen Bürgern und Bürgerinnen eine Teilhabe zu ermöglichen und an dem Mehrwert, den das Energieprojekt erbringt, zu partizipieren, sollten geringe Mitgliedsbeiträge erhoben werden. Dann können auch Menschen mit schmalem Geldbeutel mitmachen (56).

Eine breite Aufstellung der „Pressure group" mit jungen und älteren weiblichen und männlichen Akteuren ist bedeutsam um das gesetzte Ziel zu erreichen. Auf dem langen Weg zur Klimaneutralität kann es zum politischen Wechsel an der Gemeindespitze kommen. Damit das Projekt nicht ins Stocken gerät, ist es wichtig, dass diese Unterstützergruppe als treibende Kraft wirkt, damit die neue Gemeindespitze den begonnenen Weg weiter aktiv voranbringt.

14. Fazit

Die Potenziale zur Nutzung erneuerbarer Energien sind weltweit und regional im Überfluss vorhanden, die Technik verfügbar, das naturwissenschaftlich-technische Wissen vermehrt sich rasant, ebenso wie der technologische Fortschritt. Warum also sollte die Energiewende nicht gelingen?

Damit die Energiewende in Deutschland weiter an Fahrt gewinnt, bedarf es vor allem des Engagements der Bürgerinnen und Bürger. Passive Zustimmung oder Ablehnung der Ausbauziele der Regierung alleine genügen nicht, die Menschen müssen aktiv mitgestalten, wenn die Energiewende zum Vorteil aller und im Interesse des Gemeinwohls vollendet werden soll. In Deutschland ist ein immenses Potenzial für die Gewinnung von Energie aus Wind, Sonne und Biomasse vorhanden, das nur zu einem kleinen Teil ausgeschöpft werden müsste, um unsere Klimaziele zu erreichen. Die für Wind- und Solarenergie sowie Biogasanlagen benötigten Flächen sind hauptsächlich im ländlichen Raum zu finden. Gemeinden sind gefordert, geeignete Standorte auszuweisen und mit den Bürgern zu entscheiden: Machen wir es selbst, oder überlassen wir es den Konzernen und fremden Investoren? Das ist auch eine Entscheidung darüber, ob die Wertschöpfung in der Region bleibt und man diese im Sinne des Gemeinwohls weiter entwickeln kann, – oder ob das Geld weitgehend abfließt zu ortsfernen Investoren. Das zentrale fossil-atomare System, welches mit Großanlagen den Strom verbrauchern in der Republik verteilt hat, ist Geschichte. Die Vielzahl der erneuerbaren Wind-, Solar-, Biomasse- und Biogasanlagen erzeugen die Energie dort, wo sie gebraucht und abgenommen wird. Damit ergeben sich logischerweise dezentrale, regionale Konzepte, die sowohl unabhängig Energie erzeugen und verbrauchen, aber auch im Austausch mit anderen Regionen stehen, um Überschüsse oder Mangel an Strom ausgleichend zu verteilen. Studien zeigen, dass dezentrale Erzeugungs-, Umwandlungs- und Speicherstrukturen im

Energiewende

Vergleich zu zentralen Systemen geringere Infrastrukturkosten zur Folge haben. So erspart die Dezentralität der Bevölkerung den weiteren unbeliebten Trassenausbau mit Überlandleitungen. Die Sicherheit und Effizienz der Versorgung wird mit dezentralen Strukturen verbessert, ein Strom-Blackout aufgrund vielfältiger, heterogener Energiequellen und Speicher reduziert. In einer solchen Struktur können Spannungs- und Frequenzschwankungen kleinteilig ausgeglichen werden und damit zur Netzstabilität beitragen. Dezentrale Netze haben auch sicherheitspolitische Vorteile im Hinblick auf Terrorgefahren, so kann sensible Infrastruktur besser vor einem Totalausfall geschützt werden.

„Wenden und vollenden" – es gibt verschiedene Wege um die große Transformation zur klimaneutralen Gesellschaft zu erreichen. Der bis jetzt beschrittene Weg der Energiewende zeigt, dass mit Bürgerengagement, trotz vieler politischer Hemmnisse viel erreicht wurde. Die Energie in Bürgerhand ist von unten gewachsen und Strukturen zur kommunalen Eigenversorgung, in Bürgerkraftwerken, Energiegenossenschaften, Gemeindewerken und Bioenergie- sowie Sonnenenergiedörfern sind entstanden. Diese gilt es weiter zu fördern und gegenüber Energiekonzernen nicht zu benachteiligen. Hier sind auch Bürgermeister und Landrätinnen gefordert, geeignete Flächen zunächst heimischen Energiegenossenschaften und Investoren, die eine Bürgerbeteiligung zulassen, anzubieten.

Leider hat die Politik in der Vergangenheit und auch heute wenig Zutrauen in die „Energiewende von unten" durch Bürger und Bürgerinnen. Sie vertrauen eher den großen Playern, die Großprojekte in fernen Ländern mit viel Power stemmen sollen. Natürlich fließt auch viel Steuergeld in die Förderung solcher Projekte, die in Namibia und Australien und anderswo geplant werden. Diese Geschäftsmodelle der Energiewende werden zentral und bürgerfern geplant, realisiert und die Energie per Pipeline oder Schiff über die Weltmeere transportiert. Negative Umweltauswirkungen werden ins Ausland verlagert. Wer von dieser bürgerfernen Energiewende, im

Erzeugerland und Abnehmerland profitiert, ist zumindest fraglich. Was man jetzt schon sagen kann: diese neue Kehrtwende der Politik wieder zu zentralen Strukturen wird teuer für die Bürger- und Bürgerinnen. Eine Rückkehr zur ursprünglichen Zielsetzung der regionalen, dezentralen und bürgernahen Energiewende ist für eine friedliche, demokratische und sozial ausgewogene Transformation des Energiesystems wichtig. Denn die Vollversorgung mit erneuerbaren Energien in Deutschland im europäischen Kontext ist machbar und gelingt nur mit Bürgerbeteiligung. Das technische „Know how" ist in Deutschland vorhanden, der Fortschritt im Bereich der erneuerbaren Energien in den letzten Jahren immens. In zahlreichen Landkreisen gibt es eine Vielzahl von Akteuren, die sich Ziele zur Klimaneutralität gesetzt haben. Diese gilt es durch entsprechende Rahmenbedingungen zu stärken. Viele Beispiele landesweit zeigen, dass Landkreise, Städte, Gemeinden und Dörfer sich auf den Weg zur Eigenversorgung gemacht haben. Sektorenkopplung wird auf Dorf- und Gemeindeebene erprobt. Konzepte für ganze Regionen zur Eigenversorgung liegen vor. Diese vorhandenen Mosaike der regionalen Vollversorgung mit erneuerbaren Energien müssen in die Planung des gesamten Energiesystems einbezogen werden und neue Erzeugungs- und Speicheranlage sowie die Netzinfrastruktur darauf aufbauen. Es bedarf also eines Generalplanes für die Gestaltung der dezentralen Energiewende. Eine Weichenstellung in Richtung dezentrale Vollversorgung weitgehend aus regionalen Ressourcen sollte durch die Bürger und Bürgerinnen von der Politik eingefordert werden. Erneuerbare Energien im eigenen Land erzeugt und ohne lange Transportwege genutzt, machen nicht nur unabhängig von diktatorischen Regimes, sie ermöglichen auch eine nachhaltige, sozial ausgewogene Transformation ins post-fossile Zeitalter.

15. Ausblick – Die Krise als Chance

Schaffen wir die große Transformation noch rechtzeitig? Der letzte Bericht des Weltklimarats sagt: Die Klimakrise ist kein Schicksal, aber uns läuft die Zeit davon.

Wenn man die Krise als Chance begreift, haben wir derzeit viele Chancen: Wirtschaftlich und menschlich gebeutelt durch die Corona-Krise, der Ukraine-Krieg mitten in Europa und über allen schwebt die globale Klimakrise und der Artenschwund, die sich laut Hans-Otto Pörtner vom Alfred-Wegener-Institut im Helmholtz-Zentrum für Polar- und Meeresforschung, gegenseitig bedingen und verstärken (99).

Die Weltwirtschaft mit ihrem ausbeuterischen Hunger nach fossil/atomarer Energie und Materialrohstoffen ist der Auslöser dieser Krisen, die nach Jahrzehnten mit Frieden nun auch Europa erreicht hat. Außerhalb von Europa sind kriegerische Auseinandersetzungen keine Seltenheit. Dürren, Armut, Unterdrückung und Kampf um Ressourcen, wie Öl und Gas sind in den meisten Fällen die Auslöser.

Finanzminister Christian Lindner bezeichnete in einer Rede im Bundestag die erneuerbaren Energien als „Freiheits-Energien". Franz Alt ergänzt in seinem Newsletter Sonnenseite „Erneuerbare Energien sind auch Friedens-Energien". Dem kann man nur zustimmen (97).

Die Menschheit hat es in der Hand im Kampf gegen den Klimawandel das Ruder noch herumzureißen und den Bremsweg einzuleiten, um eine weitere gefährliche Zuspitzung der Krisen zu vermeiden und zumindest das 2 Grad Ziel noch einzuhalten. Aber ähnlich wie bei einem Ozeanriesen wird der Bremsweg lang sein – aber nicht erfolglos. Egal wie entmutigend manchmal das Verhalten von Politikern und Mitmenschen auch sein mag, mutige Politiker/innen, Wissenschaftler/innen und Akteure der Energiewende müssen weiter mit offenen Karten spielen und der Bevölkerung die Notwendigkeit kommunizieren, die fossil/atomaren Energien im Boden zu lassen und nachhaltig zu wirtschaften.

Die große Transformation muss gelingen, wenn wir in 50 Jahren den nachfolgenden Generationen noch eine lebenswerte Welt hinterlassen wollen.

16. Literatur

(1) Pimentel, David 2008: Food, Energy and Society. Third Edition. CRC Press New York

(2) Delvaux de Fenffe, Gregor 2019: https://www.planet-wissen.de/kultur/architektur/muehlen/index.html, abgerufen 01.05.23

(3) Schellnhuber, Hans Joachim et al. 2011: Welt im Wandel – Gesellschaftsvertrag für eine große Transformation. Hauptgutachten. WBGU Berlin. ISBN 978-3-936191-36-3

(4) Wikipedia: Liste der Unfälle in kerntechnischen Anlagen https://de.wikipedia.org/wiki/Liste_von_Unf%C3%A4llen_in_kerntechnischen_Anlagen, abgerufen 01.05.23

(5) Statista 2021: https://de.statista.com/statistik/daten/studie/1260989/umfrage/klimawandel-aenderungen-der-oberflaechentemperaturen/

(6) McGlade Christophe and Ekins Paul, 2015: The geographical distribution of fossil fuels unused when limiting global warming to 2 °C. Nature doi: 10.1038/nature14016

(7) Global carbon budget, 2020: https://globalcarbonbudget.org/wp-content/uploads/GCP_CarbonBudget_2022_slides_v1.0.pdf

(8) Stern, Nicholas, 2006: Review on the Economics of Climate Change – The Stern Review. Publisher HM Treasury

(9) Umweltbundesamt (UBA) 2023: Gesellschaftliche Kosten von Umweltbelastungen https://www.umweltbundesamt.de/daten/umwelt-wirtschaft/gesellschaftliche-kosten-von-umweltbelastungen#undefined

(10) Fachagentur Nachwachsende Rohstoffe (2023): Grafik zur Entwicklung Erneuerbare Energien in Deutschland bis 2022. Datenbasis: Arbeitsgruppe Erneuerbare Energien Statistik (AGEE-Stat) https://mediathek.fnr.de/grafiken/daten-und-fakten/bioenergie/anteil-erneuerbarer-energien-am-endenergieverbrauch-1.html

(11) Statista Research Department, 2022: Investitionen in die Errichtung von Erneuerbare-Energien-Anlagen in Deutschland in den Jahren 2001 bis 2021 https://de.statista.com/themen/4547/nachhaltige-investments-im-energiesektor/#topicOverview

(12) Agentur für Erneuerbare Energien-Unendlich viel Energie, 2020: Grafikhttps://www.unendlich-viel-energie.de/studie-buergerenergie-bleibt-zentrale-saeule-der-energiewende *Rechte erteilt*

(13) Fraunhofer ISE, 2021: https://www.ise.fraunhofer.de/de/presse-und-medien/presseinformationen/2021/studie-zu-stromgestehungskosten-erneuerbare-energien-aufgrund-steigender-co2-kosten-den-konventionellen-kraftwerken-deutlich-ueberlegen.html

(14) Fraunhofer IWES, 2014: https://www.cleanthinking.de/lohnendes-geschaftsmodell-fraunhofer-iwes-legt-finanzierungsstrategie-fur-die-energiewende-vor/

(15) Deutsche Bundesregierung, 2023: https://www.bundesregierung.de/breg-de/themen/klimaschutz/energiewende-beschleunigen-2040310, aufgerufen 01.05.23

(16) Mario Kendziorski, Leonard Göke, Claudia Kemfert, Christian von Hirschhausen und Elmar Zozman, 2021: 100% erneuerbare Energie für Deutschland unter besonderer Berücksichtigung von Dezentralität und räumlicher Verbrauchsnähe – Potenziale, Szenarien und Auswirkungen auf Netzinfrastrukturen. DIW Berlin Politikberatung Kompakt 167

(17) Ott K., Döring, R.,2008: Theorie und Praxis starker Nachhaltigkeit. Metropolis-Verlag, Marburg

(18) Donner, S., 2018: Gewinnung aus heimischen Rohstoffen lohnt sich. VDI-Nachrichten, https://www.vdi-nachrichten.com/technik/werkstoffe/deutschland-und-seine-seltenen-erden/

(19) Neuhold, M., Henninger, T., Stommel, D. ,2022: Wie die Kreislaufwirtschaft die Logistik transformiert. https://beschaffung-aktuell.industrie.de/logistik/wie-die-kreislaufwirtschaft-die-logistik-transformiert

(20) Tshin-Ilya Chaydare, Michael Reckordt und Hendrik Schnittker, 2022: Metalle für die Energiewende. Power Shift, Berlin 2022.

(21) VDE/ETG-Studie, 2007: Dezentrale Energieversorgung 2020, https://www.vde.com/de/etg/publikationen/studien/studiedezentraleenergieversorgung

(22) VDE, 2019: VDE zeigt Lösungsansatz für Zellulares Energiesystem. https://www.vde.com/de/presse/pressemitteilungen/vde-zeigt-loesungsansatz-fuer-zellulares-energiesystem

(23) Ohlenburg, H.,2022: Kompetenzzentrum für Naturschutz und Energiewende (KNE)https://www.naturschutz-energiewende.de/unkategorisiert/wortmeldung-zum-flaechenbedarf-der-windenergie/aufgerufen 30.01.23

(24) Mono, R., Glasstetter, P., 2012: Windpotenzial im räumlichen Vergleich. Eine Untersuchung der 100 Prozent Erneuerbar Stiftung. https://100-prozent-erneuerbar.de/wp-content/uploads/2013_Untersuchung_Solarstrahlung_im_raeumlichen_Vergleich.pdf

(25) Insa Lütkehus, Hanno Salecker, Kirsten Adlunger, Thomas Klaus, Carla Vollmer, Carsten Alsleben, Raphael Spiekermann, Andrea Bauerdorff, Jens Günther, Gudrun Schütze, Dr. Stefan Bofinger 2013: Potenzial der

Literatur

Windenergie an Land; Studie zur Ermittlung des bundesweiten Flächen- und Leistungspotenzials der Windenergienutzung an Land. Verlag Umweltbundesamt. https://www.umweltbundesamt.de/publikationen/potenzial-windenergie-an-land

(26) Deutscher Wetterdienst, Strahlungskarten https://www.dwd.de/DE/leistungen/solarenergie/strahlungskarten_mvs.html

(27) Fraunhofer ISE, 2021: https://www.umweltbundesamt.de/themen/klima-energie/erneuerbare-energien/erneuerbare-energien-in-zahlen#strom

(28) Fraunhofer ISE, 2021: Wege zu einem klimaneutralen Energiesystem, https://www.energy-charts.info/charts/remod_installed_power/chart.htm?l=de&c=DE

(29) Umweltbundesamt, Dezember 2022: UBA11 Monatsbericht-PLUS 4. Quartal 2022, Arbeitsgruppe EE Statistik. https://www.photovoltaik.eu/bipv/potenzial-deutschland-12000-quadratkilometer-frei-fuer-solarfassaden

(30) Umweltbundesamt, 2022: Erneuerbare Energien in Zahlen https://www.umweltbundesamt.de/themen/klima-energie/erneuerbare-energien/erneuerbare-energien-in-zahlen#ueberblick

(31) FNR, 2022: Anbauzahlen nachwachsende Rohstoffe, 2022 https://pflanzen.fnr.de/anbauzahlen/ aufgerufen 01.05.2023

(32) Bundesverband Deutscher Wasserkraftwerke (BDW) e.V.: Wasserkraft in den Bundesländern, 2019. https://www.wasserkraft-deutschland.de/wasserkraft/wasserkraft-in-zahlen.html,

(33) Umweltbundesamt, 2010: Studie: Potentialermittlung für den Ausbau der Wasserkraftnutzung in Deutschland, https://www.erneuerbare-energien.de/EE/Redaktion/DE/Standardartikel/wasserkraft_kurzinfo.html

(34) IWES, 2018: Windenergieanlagengröße https://windmonitor.iee.fraunhofer.de/windmonitor_de/3_Onshore/2_technik/4_anlagengroesse/

(35) Ingenieur.de 2017, https://www.ingenieur.de/technik/fachbereiche/energie/weltgroesster-schwimmender-windpark-entsteht-schottland-in-nordsee/

(36) Vortex 2023: Windrad ohne Flügel. https://www.smaveo.de/vortex-bladeless-die-antwort-auf-die-frage-nach-einem-windrad-ohne-rad/

(37) Fraunhofer ISE, 2023: Photovoltaik, https://www.fraunhofer.de/de/forschung/aktuelles-aus-der-forschung/wir-haben-die-energie/photovoltaik.html, aufgerufen 15.04.23

(38) Fraunhofer ISE, PVT Normung – Zertifizierung von PVT-Kollektoren, https://www.ise.fraunhofer.de/de/forschungsprojekte/pvt-normung.html, aufgerufen 10.04.23

(39) Enkhardt, Sandra, 2023: PV-Magazin, Fraunhofer ISE bestätigt 80 Prozent Gesamtwirkungsgrad für neues PVT-Solarmodul, https://www.pv-m

agazine.de/2023/03/23/fraunhofer-ise-bestaetigt-80-prozent-gesamtwirk ungsgrad-fuer-neues-pvt-solarmodul/

(40) Fraunhofer: Maximale Erträge und höchste Zuverlässigkeit mit bifazialen PV-Modulen, aufgerufen 10.04.23 https://www.ise.fraunhofer.de/de/l eitthemen/energiewende-digital/maximale-ertraege-und-hoechste-zuverl aessigkeit-mit-bifazialen-pv-modulen.html

(41) Karpenstein-Machan, 2004: Energiepflanzenbau für Biogasanlagenbetreiber, DLG -Verlags-GmbH, Frankfurt, (2005), ISBN 3- 7690-0651-8.

(42) Karpenstein-Machan, M. 2009: Umsetzung eines umweltfreundlichen Energiepflanzenbaus im Bioenergiedorf Jühnde", Kongressband 18. Jahrestagung des Fachverbandes Biogas: Thema: Biogas: Dezentral erzeugen, regional profitieren und international gewinnen, Herausgeber FV Biogas, S. 19 – 25.

(43) Karpenstein-Machan, M. & Weber, C. 2010: Energiepflanzenanbau für Biogasanlagen: Veränderung der Fruchtfolgen und der Bewirtschaftung von Ackerflächen in Niedersachsen. Naturschutz und Landschaftsplanung 42 (10), 313 – 320.

(44) Ruppert, Ibendorf (Hrsg.) 2017: Bioenergie im Spannungsfeld, Wege zur nachhaltigen Bioenergieversorgung. Karpenstein-Machan, M.: Pflanzenbauliche Optimierung und Umsetzung eines integrativen Energiepflanzenbaus. Universitätsverlag Göttingen.

(45) Selhorst, Kristina 2019: Landwirte legen Blühstreifen an.Top agrar online, thttps://www.topagrar.com/acker/news/landwirte-legen-ueber-200-00 0-kilometer-bluehstreifen-an-11541069.html

(46) Statista, 2023: Installierte elektrische Leistung der Biogasanlagen in Deutschland in den Jahren 2001 bis 2022 https://de.statista.com/statisti k/daten/studie/262302/umfrage/installierte-leistung-von-biogasanlagen-i n-deutschland/

(47) Statista, 2023: Biogaseinspeiseanlagen in Deutschland, https://de.statist a.com/statistik/daten/studie/244910/umfrage/anzahl-der-biogaseinspeis eanlagen-in-deutschland/, Stand 2021

(48) Stromreport, 2022: Windkraft in Deutschland. https://strom-report.com/w indenergie)

(49) Karpenstein-Machan, M. 2023: Pellets – Stimmung heiter bis wolkig. Wachsende Märkte aber Instabilität und schwierige Absatzlage. Pelletkonferenz in Wels 2023, Forstfachverlag, Juni 2023. S. 42 – 44.

(50) Karpenstein-Machan, M. 2023: Dicke Luft, heiß diskutiert. HOLZmachen. Frühling 2023. S. 56-58.

(51) Karpenstein-Machan, M. 2023: Ofenführerschein für besseres Heizen. HOLZmachen. Sommer 2023. S. 56-57.

Literatur

(52) Bauböck, R., Karpenstein-Machan, M. (2021): Bioenergiedörfer im Wandel; Betrachtungen des Einsatzes von Reststoffen sowie des Zubaus einer Pyrolyseanlage an Biogasbestandsanlagen unter den Gesichtspunkten der Nahwärmeversorgung und der Wirtschaftlichkeit. Berichte über Landwirtschaft, Band 99, Ausgabe 3, S. 1 – 32. https://buel.bmel.de/index.php/buel/article/view/385/587

(53) Li, D., R. Zhao, X. Peng, Z. Ma, Y. Zhao, T. Gong, M. Sun, Y. Jiao, T. Yang und B. Xi. Biochar-related studies from 1999 to 2018: a bibliometrics-based review [online]. Environmental science and pollution research international, 2020, 27(3), 2898-2908. Verfügbar unter: doi:10.1007/s11356-019-06870-9

(54) Karpenstein-Machan, M. (2022): Ökosystem Wald langfristig für die Gesellschaft sichern. Forstmaschinen-Profi Nr. April 2022, S. 54 – 59.

(55) Bundesumweltamt, Nachhaltige Waldwirtschaft https://www.Umweltbundesamt.de/daten/land-forstwirtschaft/nachhaltige-waldwirtschaft#naturnahe-der-walder, aufgerufen am 01.05.2023.

(56) Karpenstein-Machan, M., Wüste, A. und Schmuck, P. (2013): Erfolgreiche Umsetzung von Bioenergiedörfern in Deutschland – Was sind die Erfolgsfaktoren? Berichte über Landwirtschaft, 91, Heft 2, S. 1 – 25. http://buel.bmelv.de/index.php/buel/article/view/21/karpenstei-machan-html

(57) Karpenstein-Machan, M. 2018: Mehr Biogas aus Stroh und Co. Energie aus Pflanzen, Forstfachverlag 5. S. 12 – 15.

(58) Autorenteam der Universität Kassel und Universität Göttingen 2022: Vom Bioenergiedorf zum Energiewendedorf, Leitfaden. www.energiewendedörfer.de

(59) Scheffer, K. u. M. Karpenstein-Machan, 2001. Ökologischer und Ökonomischer Wert der Biodiversität am Beispiel der Nutzung von Energiepflanzen. Symposium der AG Ressourcen der Gesellschaft für Pflanzenzüchtung am 23./24.11. 2000 in Witzenhausen. Schriftenreihe der Zentralstelle für Agrardokumentation und –information, Informationszentrum Genetische Ressourcen (IGR), Band 16, S. 177-192.

(60) Karpenstein-Machan, M. (2018): Energiepflanzen beleben Fruchtfolgen und können Humus aufbauen. Energie aus Pflanzen, Nr. 4_2018, S. 62-65.

(61) Karpenstein-Machan, M. (2013): Integrativer Energiepflanzenbau als Baustein der regionalen Energiewende. Ländlicher Raum Agrarsoziale Gesellschaft, 09/2013, 26 -28.

(62) Karpenstein-Machan, M., Paul, N. (2022): Nutzung nachwachsender Rohstoffe als Beitrag zum Klimaschutz in Buchprojekt „Kommunaler Klimaschutz in Deutschland am Beispiel der Region Hannover – Think global – act local" Hrsg. Udo Sahling, Springer Spektrum Verlag. https://rd.springer.com/referenceworkentry/10.1007/978-3-662-62081-6_36-1

(63) Karpenstein-Machan, M. 2016: Besuch der Energieanlagen in Dronninglund am 21. September 2016. Persönliche Kontakte mit dem Betriebsleiter.

(64) Universität Kassel, 2023: Fachbereich Maschinenbau, Institut für Thermische Energietechnik Fachgebiet Solar- und Anlagentechnik, Abschlussbericht, 2023. Weiterentwicklung und Optimierung des Konzepts einer solaren Nahwärmeversorgung für ländliche Gebiete am Beispiel von Bracht-Dorf.

(65) Energiewendebauen, 2021: Neckarpark Stuttgart gewinnt Nahwärme und -kälte aus dem Abwasserkanal https://www.energiewendebauen.de/projekt/neckarpark-stuttgart-gewinnt-nahwaerme-und-kaelte-aus-dem-abwasserkanal

(66) Biogasfachverband 2022: Wie viel Energie steckt im Bioabfall? https://biogas.org/edcom/webfvb.nsf/id/de-pressemitteilung-zur-ifat-2022

(67) Graf, Ulrich 2023: In Bioabfällen steckt noch ein riesiges Biogas-Potenzial, Bayrisches Wochenblatt https://www.wochenblatt-dlv.de/feldstall/energie/bioabfaellen-steckt-noch-riesiges-biogas-potenzial-572515

(68) Rhein-Hundsrück Kreis: Entsorgung https://www.rh-entsorgung.de/de/Abfall-Infos/Baum-und-Strauchschnittplaetze/

(69) Energiezukunft, 2022: https://www.energiezukunft.eu/erneuerbare-energien/biomasse/strom-aus-bioabfaellen/ Energieanlagen LK Rhein-Hundsrück

(70) Landkreis Marburg-Biedenkopf: Heckenmanagement im Landkreis Marburg-Biedenkopf https://www.marburg-biedenkopf.de/dienste_und_leistungen/kreisverwaltung_landkreis/heckenmanagement.php aufgerufen am 12.04.2023

(71) Bröckling, Frank, 2010: Heckenmanagement im Münsterland – die Renaissance eines alten Kulturlandschaftselementes, https://www.westfalen-regional.de/de/heckenmanagement_msl/

(72) Statista 2023: Ausfallarbeit durch Abregelung der EE-Stromeinspeisung in Deutschland nach Energieträger im Jahr 2021. https://de.statista.com/statistik/daten/studie/617982/umfrage/einspeisemanagement-in-deutschland-nach-energietraeger/

Literatur

(73) UBA, 2023: Energieverbrauch privater Haushalte in 2021. https://www.u mweltbundesamt.de/daten/private-haushalte-konsum/wohnen/energieve rbrauch-privater-haushalte#endenergieverbrauch-der-privaten-haushalt e

(74) Müller, Jörg, 2014: Energie für Nechlin. https://www.nechlin.de/waerme/ waermenetz/ aufgerufen 12.04.2023

(75) Käding, Stefan Windstrom: die smarte Energie auch für Nahwärmenetze https://enertrag.com/produkte/windwaerme aufgerufen 12.04.2023

(76) Erneuerbare Energien, 2021:Nutzen statt Abregeln": Power-to-Heat-Anlagen gehen in Betrieb https://www.erneuerbareenergien.de/transfor mation/netze/nutzen-statt-abregeln-power-heat-anlagen-gehen-betrieb, aufgerufen 12.04.2023

(77) Miltiades Schmidt, Eriko Yamasaki, 2022: Deutsche Welle, Mit Wasserstoff in die Zukunft https://www.dw.com/de/mit-wasserstoff-in-die-zukunf t/l-60481379, aufgerufen 16.04.23

(78) Fachverband Biogas, 2023: Biogasanlage des Monats März: Saergas GmbH & Co. KG, https://www.biogas.org/edcom/webfvb.nsf/id/DE-Bioga sanlage-des-Monats-Maerz-2023?open&ccm=020043, aufgerufen 01.05.2023

(79) Klimakommune Saerbeck, Biogasanlage https://www.klimakommune-sa erbeck.de/Bioenergiepark.htm?waid=317 aufgerufen 01.05.2023

(80) Haffhus Hotel, Energiekonzept, https://www.haffhus.de › energie, aufgerufen am 01.05.2023

(81) Karpenstein-Machan, M.: Mitschrift auf der „Anwenderkonferenz Biomassevergasung, Dezember 2021.

(82) Karlsruher Institut für Technologie (KIT), 2020: Regionalisierung der Energieversorgung auf Verteilnetzebene am Modellstandort Kirchheimbolanden (RegEnKibo) https://www.irs.kit.edu/RegEnKibo.php

(83) Karpenstein-Machan, M. 2018: Bericht von der Jahrestagung des Forschungsverbundes Erneuerbare Energien (FVEE), veröffentlicht in Energie aus Pflanze: Energiewende durch Digitalisierung erst möglich? Heft 6, 2018, S. 54 – 55.

(84) BürgerEnergieBerlin: Die Sonne scheint auf jedes Dach. https://www.bu erger-energie-berlin.de/themen/wir-sind-aktiv/buergerkraftwerke/ aufgerufen 01.05.2023

(85) BürgerKraftwerke Hermaringen eG https://www.hermaringen.de/hermari ngen/buergerkraftwerke-hermaringen-eg/ aufgerufen 01.05.2023

(86) Solverde Bürgerkraftwerke 2022: https://www.solverde-buergerkraftwerk e.de/ aufgerufen 01.05.2023

Energiewende

(87) Rat für Nachhaltige Entwicklung, 2023: Die Bürgerwerke sind Treiber der Energiewende von unten. https://www.nachhaltigkeitsrat.de/aktuelles/die-buergerwerke-sind-treiber-der-energiewende-von-unten/

(88) Energiegenossenschaften beim Deutschen Genossenschafts- und Raiffeisenverband, 2022: DGRV-Jahresumfrage Energiegenossenschaften 2022, https://www.dgrv.de › energiegenossenschaften

(89) Energiegenossenschaft Leipzig (EGL), 2023: Persönliche Mitteilungen, https://www.energiegenossenschaft-leipzig.de/

(90) König, Kirsten, 2021: Genossenschaftliche Lösungen für die Wärmeversorgung, https://www.waermewende.de/energiegenossenschaft/ Aufgerufen 01.05.2023

(91) BürgerEnergie Bohlsen eG, https://bohlsen-online.de/buergerenergie/ Aufgerufen 01.05.2023

(92) Dany, Christian, 2023: Wer macht die Energiewende? Biogasjournal, Nr. 3. S. 72-75.

(93) Karpenstein-Machan, M., Schmuck, P., Wilkens, I., Wüste, A. (2014): Die Kraft der Vision: Pioniere und Erfolgsgeschichten der regionalen Energiewende. https://dev.netzwerk-buergerbeteiligung.de/fileadmin/Inhalte/PDF-Dokumente/newsletter_beitraege/pub_kraft_der_vision_150709.pdf

(94) Energiewerke Schönau, atomstromlos, klimafreundlich, bürgereigen https://www.ews-schoenau.de, aufgerufen 01.05.2023.

(95) Ruppert, H., Eigner-Thiel, S., Girschner, W., Karpenstein-Machan, M., Roland, F., Ruwisch, V., Sauer, B., Schmuck, P. **(2008)**: Wege zum Bioenergiedorf, Leitfaden für eine eigenständige Wärme- und Stromversorgung auf Basis von Biomasse im ländlichen Raum. Herausgeber FNR

(96) Claudia Kemfert, 2013: Kampf um Strom. Murmann-Verlag. 7. Auflage

(97) Franz Alt, 2023: Newsletter Sonnenseite

(98) Buttler, v. C., Karpenstein-Machan, M., Bauböck, R., 2013: Anbaukonzepte in Zeiten des Klimawandels. Ibidem Verlag Stuttgart

(99) Hans-Otto Pörtner et al. 2023: Overcoming the coupled climate and biodiversity crises and their societal impacts scence.org/doi/10.1126/science.abl4881 https://100-prozent-erneuerbar.de/wp-content/uploads/2012_Untersuchung_Windpotenzial_im_raeumlichen_Vergleich.pdf

ERDSICHT - EINBLICKE IN GEOGRAPHISCHE
UND GEOINFORMATIONSTECHNISCHE ARBEITSWEISEN

Schriftenreihe des Geographischen Instituts der Universität Göttingen,

Abteilung Kartographie, GIS und Fernerkundung

Herausgegeben von Prof. Dr. Martin Kappas

ISSN 1614-4716

1 *Claudia Sültmann*
   GIS- und Satellitenbildgestützte Landnutzungsklassifikation mit
   Change detection im Westen der Côte d'Ivoire
   ISBN 3-89821-356-0

2 *Katharina Feiden*
   GIS - gestützte Analyse der zeitlichen und räumlichen Verteilung der
   Niederschlagsjahressummen (1961–1990) in der Dominikanischen
   Republik
   Charakteristika und Trends
   ISBN 3-89821-368-4

3 *Nicole Erler*
   GIS- und fernerkundungsgestützte Bewertung von „Natural Hazards"
   im oberen Einzugsgebiet des Rio Yaque del Norte (Dominikanische
   Republik)
   ISBN 3-89821-409-5

4 *Martin Kappas, Frank Schöggl*
   Bodenerosion in der Dominikanischen Republik
   Eine vergleichende Studie zum Bodenabtrag auf Argrarflächen mit und ohne
   Erosionsschutzmassnahmen
   ISBN 3-89821-423-0

5 *Randy Thomsen*
   Change Detection – fernerkundungsgestützte Methoden zur Ableitung
   des Landnutzungswandels in den Tropen (Fallbeispiel Dominikanische
   Republik)
   ISBN 3-89821-433-8

6 *Sören Steinbach*
   Visualisierung und Quantifizierung von Überschwemmungsbereichen
   am Mittellauf der Elbe
   GIS-gestützte Modellierung von Überschwemmungen
   ISBN 3-89821-530-X

7 *Jobst Augustin*
   Das Seegangsklima der Ostsee zwischen 1958 und 2002 auf Grundlage numerischer Daten
   ISBN 3-89821-572-5

8 *Martin Kappas*
   Naturraumpotential und Landnutzung im Oudalan – eine Fallstudie aus dem Sahel Burkina Fasos zur Anwendbarkeit von Fernerkundungsmethoden im regionalen Maßstab
   ISBN 3-89821-664-0

9 *Ortwin Kessels*
   Qualitätsanalyse verschiedener digitaler Geländemodelle und deren Eignung für die Prozessierung von Satellitenbilddaten in den Tropen
   ISBN 3-89821-603-9

10 *Christian Knieper*
   Remote Sensing Based Analysis of Land Cover and Land Cover Change in Central Sulawesi, Indonesia
   ISBN 3-89821-646-2

11 *Mareike Lehrling*
   Klimaentwicklung in Alaska - eine GIS-gestützte Erfassung und Analyse der raum-zeitlichen Entwicklung von Temperatur und Niederschlag
   ISBN 3-89821-670-5

12 *Daniel Karthe*
   Trinkwasser in Calcutta
   Versorgungsproblematik einer indischen Megastadt
   ISBN 3-89821-661-6

13 *Enrico Kalb*
   Landnutzungsinterpretation und Erosionsmodellierung der Küstenregion von Nordost Bali, Indonesien
   ISBN 3-89821-666-7

14 *Anke Gleitsmann*
   Exploiting the Spatial Information in High Resolution Satellite Data and Utilising Multi-Source Data for Tropical Mountain Forest and Land Cover Mapping
   ISBN 3-89821-727-2

15 *Arno Krause*
   Einführung eines GIS für die Landwirtschaftsverwaltungen der BRD auf Grundlage EU-rechtlicher und nationaler Verordnungen
   unter besonderer Berücksichtigung des Bundeslandes Mecklenburg-Vorpommern
   ISBN 3-89821-738-8

16 *Pavel Propastin*
Remote sensing based study on vegetation dynamics in dry lands of Kazakhstan
ISBN 978-3-89821-823-8

17 *Matthias Stähle*
Trinkwasser in Delhi
Versorgungsproblematik einer indischen Megastadt
ISBN 978-3-89821-827-6

18 *Roland Bauböck*
Bioenergie im Landkreis Göttingen
GIS-gestützte Biomassepotentialabschätzung anhand ausgewählter Kulturen, Triticale und Mais
ISBN 978-3-89821-959-4

19 *Wahib Sahwan*
Geomorphologische Untersuchungen mittels GIS- und Fernerkundungsverfahren unter Berücksichtigung hydrogeologischer Fragestellungen
Fallbeispiele aus Nordwest Syrien
ISBN 978-3-8382-0094-1

20 *Julia Krimkowski*
Das Vordringen der Malaria nach Mitteleuropa im Zuge der Klimaerwärmung
Fallbeispiel Deutschland
ISBN 978-3-8382-0312-6

21 *Julia Kubanek*
Comparison of GIS-based and High Resolution Satellite Imagery Population Modeling
A Case Study for Istanbul
ISBN 978-3-8382-0306-5

22 *Christine von Buttlar, Marianne Karpenstein-Machan, Roland Bauböck*
Anbaukonzepte für Energiepflanzen in Zeiten des Klimawandels
Beitrag zum Klimafolgenmanagement in der Metropolregion
Hannover-Braunschweig-Göttingen-Wolfsburg
ISBN 978-3-8382-0525-0

23 *Daniel Karthe, Sergey Chalov, Nikolay Kasimov, Martin Kappas (eds.)*
Water and Environment in the Selenga-Baikal Basin: International Research Cooperation for an Ecoregion of Global Relevance
ISBN 978-3-8382-0853-4

24 *Hoang Khanh Linh Nguyen*
Detecting and Modeling the Changes of Land Use
and Land Cover for Land Use Planning in Da Nang City, Vietnam
ISBN 978-3-8382-1136-7

25 *Martin Kappas, Katharina Rorig, Laura Stangier, Daniel Wyss*
Waldmonitoring in Deutschland
ISBN 978-3-8382-1729-1

26 *Marianne Karpenstein-Machan*
Energiewende – wenden und vollenden!
Regional, dezentral, bürgernah
ISBN 978-3-8382-1885-4

ibidem.eu